废弃矿区的生态修复技术研究

杨洪飞　著

U0259975

北京工业大学出版社

图书在版编目（CIP）数据

废弃矿区的生态修复技术研究 / 杨洪飞著．— 北京：
北京工业大学出版社，2021.10重印
　ISBN 978-7-5639-7071-1

　Ⅰ．①废… Ⅱ．①杨… Ⅲ．①矿山环境－生态恢复－
研究－中国 Ⅳ．① X322.2

中国版本图书馆 CIP 数据核字（2019）第 236247 号

废弃矿区的生态修复技术研究

著　　者： 杨洪飞
责任编辑： 张　娇
封面设计： 点墨轩阁
出版发行： 北京工业大学出版社
　　　　　　（北京市朝阳区平乐园 100 号　邮编：100124）
　　　　　　010-67391722（传真）　bgdcbs@sina.com
经销单位： 全国各地新华书店
承印单位： 三河市元兴印务有限公司
开　　本： 710 毫米 ×1000 毫米　1/16
印　　张： 12
字　　数： 240 千字
版　　次： 2021 年 10 月第 1 版
印　　次： 2021 年 10 月第 2 次印刷
标准书号： ISBN 978-7-5639-7071-1
定　　价： 45.00 元

前　言

　　矿山作为重要的矿产开发来源，其实际的开发工作通常会对环境产生重要影响，不仅会出现挤占农业、林业用地的情况，严重者甚至会破坏生态环境的多样性发展，从而诱发各种社会问题。针对这种情况，矿山废弃地区的复垦及生态修复技术成了生态环境相关领域研究的重点。在此基础上，本书对废弃矿区的生态修复技术进行了简单探究。

　　全书第一章为绪论，主要阐述了废弃矿区的概念、为何要修复废弃矿区生态及废弃矿区生态修复的理论基础等内容；第二章为采矿对土地和环境的影响，主要阐述我国矿产资源的开发利用、采矿对土地的破坏及采矿对矿区居民权益的影响等内容；第三章为矿区废弃地形成、特点与危害，主要阐述矿区废弃地的形成与特点、矿区废弃地的危害以及我国矿区废弃地的现状等内容；第四章为矿区的土壤改良与固体废弃物治理，主要阐述矿区的土壤改良及矿区的固体废弃物治理等内容；第五章为矿区废弃地的植被修复，主要阐述矿区废弃地的植被修复技术及矿区废弃地的植被修复模式等内容；第六章为绿色矿区建设，主要阐述绿色矿区建设的标准体系与模式及绿色矿区建设的内容等；第七章为国外矿区的生态环境管理经验借鉴与矿区生态新发展，主要阐述国外矿区生态借鉴及矿区循环经济建设等内容；第八章为废弃矿区的再生设计，主要阐述废弃矿区再生的理论基础、工业遗产旅游与工业遗产保护、基于安全的废弃矿区再生的设计技术及创新理念指导下的废弃矿区再生设计等内容。

　　在撰写本书的过程中，作者吸收了部分专家、学者的研究成果和著述内容，在此表示衷心的感谢。由于作者水平有限，书中疏漏之处在所难免，敬请广大读者多提宝贵意见，以便进一步补充和完善。

目　录

第一章　绪　论

废弃矿区依然有存在的价值，对废弃矿区进行生态修复建设有助于恢复生态环境。本章分为废弃矿区的概念、为何要修复废弃矿区生态、废弃矿区生态修复的理论基础三个部分。

第一节　废弃矿区的概念

一、废弃矿区的定义

废弃矿区是指由于矿产资源枯竭或者是采矿活动停止而废弃的用地及附属设施。废弃矿区依据矿产资源类型可以分为煤炭型、金属型、非金属型以及油气型。

我国的矿产资源相对丰富，但矿产资源开采或多或少会对生态环境产生影响，严重的话，会对土地资源造成侵占与浪费，破坏地表景观，伤害人体等，如果废弃矿区中的废弃物重金属含量过高，就会对土壤形成污染，从而对周边的地区的生态环境造成严重的影响。

二、废弃矿区对生态环境的影响

（一）大量土地资源被占用

矿产资源的开发会侵占大量的土地，经过开发之后的土地原有的价值就已经消失殆尽。露天采矿所占用的土地是采矿场的五倍以上。在采矿的过程中，还会产生大量的废弃物，这些废物会占用大量的土地资源。挖损对于土地资源的破坏也是巨大的，在露天采矿时，人们会将矿产资源上覆盖的土壤全部移走，包括地表的植被。土地原有的价值逐渐丧失，大量土地资源被占用，造成资源的浪费。

（一）环境污染、生态失衡

采矿会造成区域性的大气污染，再加上自然风的作用会加剧污染的扩散。大气沉降是重金属进入环境的重要途径，其对环境的危害远远大于矿山开发。由于采矿活动的特殊性，采矿过程中会产生各种类型的废水，这些废水没有经过处理就随意排放的话，就会污染生态环境，破坏生态平衡。

矿山的废水中含有硫固体废弃物会在微生物的作用下，加速金属的释放速度，会对环境造成严重威胁，而有色金属废弃矿山堆放的废弃物，会在自然力的作用下，成为污染周围环境的污染源，一旦这些污染物进入地下水系统或者是土壤中，就会在食物链的作用下进入人的身体中，人类一旦接触这些水源或者食物，其中的污染物就会对人的身体健康造成严重威胁。

早在 2009 年 8 月，《人民日报》就曾报道过，有关部门在陕西省凤翔县马道口村与孙家南头村共计采集了 14 周岁以下的儿童血液标本 731 份，经过医学检验，其中 615 人为铅中毒与高铅血症，而造成这样的悲剧的正是村庄附近的冶炼公司。采矿活动会破坏原有的生态环境，削减生物多样性，导致生态失衡，人们对于矿区的废弃物更应该加以重视，慎重处理，避免类似悲剧的出现。

探矿、采矿都会破坏地表与地下土壤力学结构，会对生物群落及周围的生态环境造成极大的危害，这些危害大都是不可逆的。如果这些裸露的矿区废弃用地没有经过一定的处理，它们就会继续加剧这种危害，会影响更多的区域与生物群落，导致生态失衡。

（三）地质灾害频发

矿山地质灾害主要包括地表塌陷、滑坡、泥石流、边坡不稳定、尾矿库溃坝等。在矿区开采的过程中，可能会因为使用的技术、方法不当，造成地质灾害或埋下隐患，还有就是在大量的矿产资源被开采之后，上部就会形成采空区，岩土层就会失去平衡，出现一系列问题，导致地表大面积塌陷，形成地下盆地。

在地表塌陷之后，就会使潜水位上升，出现裂缝等问题，造成地表水土流失，耕地大面积减产，边坡开挖不适当也会引起山体不稳定等问题，导致滑坡与泥石流等地质灾害，经过开采的矿区所排放的废弃物若放置在山坡上，遇到暴雨天气时就很容易发生泥石流。矿产资源的开采活动稍微不注意就会引起地质灾害。

采矿对会对地质结构造成严重的扰动，不管是正在开采还是已经废弃的矿山，它们都存在着地表塌陷的危险，轻则造成经济损失，重则会影响人的生命安全。广东省曾经出现过一次铅锌矿地表开裂，使附近地表出现了严重破损，受害面积令人震惊。

（四）土地挖损

挖损是露天开采破坏土地最主要、最直接的形式，开采前的表土层剥离使原来土地上生长的农作物、果园、森林等遭受破坏，造成土地的生产能力降低或丧失，引起水土流失和沙漠化，在环境脆弱的北方地区这种情况尤其严重。挖损地分布与采矿区一致，而且挖损地范围要略大于开采范围。挖损一般会形成地表大坑，有的还会造成常年或季节性积水。

（五）破坏地表景观

开采矿产势必会砍伐地表植物，使地表植物大面积消失，取而代之的是大片裸露的土地，在短时间内也很难恢复到原来的面貌。地下开采还会造成地表沉陷。影响土地耕种与植被正常生长，进一步引起地表景观变化。不管是什么样的采矿方式都会对地表和地标景观造成破坏，且这种破坏在短时间内无法恢复。

（六）危害人体健康

废弃的矿物质中也含有大量的重金属或者是有害成分，这些物质会通过地表向土壤与大气中扩散，污染周边的生态环境，这样受危害的区域已经远远超过了矿区自身的范围。重金属在风吹日晒之下会不断向着周围扩散，等积累到一定程度之后就会对土壤造成影响，影响植物的生长与收成，还会渗到地下水中，造成水文环境恶化，这些农作物与水被人食用与饮用之后就会危害人体健康。

三、废弃矿区用地组成

废弃矿区用地涉及范围很广，受采矿活动而直接影响原有功能的土地都包括在内。废弃矿区用地的划分标准并不单一，人们会根据具体的用途进行划分，具体分为三种：第一种，探矿用地、工业用地、采矿区、排土场；第二种，探矿用地与采矿用地；第三种，生产用地、生活服务用地、辅助生产用地。由此可知，矿业用地根据不同的分类标准可以划分出不同的用地，尽管分类的标准不同，但是分类的类型基本上一致，自然废弃矿区用地也是这样构成的。

四、矿区的生命周期

尽管我国的矿产资源相对比较丰富，但是这其中有相当一部分矿产资源是属于不可再生的，矿产资源形成会受到时间的影响，不能做到取之不尽用之不竭，体现出了生命周期的特征，一般来讲，矿区的生命周期一般分为四个阶段：①筹备期，在正式的开采矿产之前进行的论证与筹备，主要是一些开采之前的工作；②成长期，矿区全面投产到生产能力达到设计规模阶段；③成熟期，生产能力达到设计规模，产量稳步提升发展阶段；④衰退期，又被称为转型期，伴随着开采工作，矿产资源逐渐消失，是矿区的产业地位逐步弱化的阶段，该阶段如能产生新的产业形态，则矿区会逐步转型，如未能形成新的产业则会逐步衰退。

五、废弃矿区系统构成

（一）废弃矿区系统的定义

世界上的事物是不能独立地存在于世界上的，都是存在于不同的体系之中的。尤其伴随着科技不断发展，世界可以说是瞬息万变，人们更需要用综合的思维来看待问题，由此系统论出现了。系统论成了各个学科领域的研究重点，并且系统论也开拓了新的领域，改变了人们对世界的看法与认识。在系统论中，人们认为构成系统的各个要素之间是相互影响的。

废弃矿区就是典型的例子，废弃矿区本身也比较复杂，但主要是由经济、社会、资源三个主要要素构成的，这个复杂的系统还处于不断变化的状态之下，伴随着时间的推移，各个要素之间的相互作用也会产生一定的功能，甚至会影响整个矿区的发展趋势。资源、社会、经济三个要素又划分为很多详细的要素，这些细微的要素之间的相互作用也会对整体系统造成影响。矿区再生设计就是针对废弃矿区，立足整个废弃矿区，调节系统内部各个要素之间的关系，使系统达到最优状态。

（二）废弃矿区系统的特点

1. 开放性

系统与外界的关系可以根据属性的不同划分为开放系统、封闭系统、孤立系统三种。开放系统则是指与外界存在物质与能量双重交换的系统，废弃矿区就可以归纳到开放系统之中。开放系统内部的各个要素、子系统系统内部、外部外环境之间都存在不同程度的信息交换，在这些要素中不管是什么样的交换与影响都会造成不同程度地影响，如系统内部的土地资源缺失，也会对经济承载能力产生影响。

2. 不可逆性

矿区系统在服务人类生活与生产的相关活动中，已经形成了自己独特的系统，不会随着时间的推移就会产生影响。在原始的采矿时期，人们不会想到开采矿产会对环境造成什么样的影响，只联想到自己的经济利益，当这块地已经没有任何的开采价值的时候，也就是从侧面说明这块土地的经济价值、人文价值等都已经受到了不可逆转的伤害，如果想要弥补这些伤害就要花费更多的时间、精力、金钱对其进行设计与改造。

3. 层次性

在矿区废弃系统中，不仅有上面所涉及的三个子系统，这三个子系统还包含着数量不一的系统及要素。也就是说，废弃矿区系统具有层次性，系统内部各个层次之间的关系也就构成了整体的系统。

社会子系统中包括矿区的历史文化、矿区工作人员的心理因素、矿区相关的政策与制度等；经济子系统中包含着矿区生产的经济效益等；资源子系统中包含着水资源、土地资源等。它们层次分明，共同影响着废弃矿区的再利用工作。

4. 复杂性

废物矿区系统的构成类型复杂，系统内部与外部环境之间也存在着不同程度的联系，不同的子系统之间也存在相互影响的关系，各个系统与子系统之间也会产生交流。即便是矿区的功能在不断退化之后，甚至是矿区已经成了废弃矿区，系统还会以一种无序的状态存在。

在资源子系统中，随着采矿活动开展，矿产资源会逐渐消失，土地资源也会逐渐丧失原有的价值，空气受到的污染也不会在短时间内得到恢复。在社会子系统中，矿区原有的价值文化也会丧失，如果法律法规未能保障社会大众的利益，其造成的危害更是不可估计的。

第二节　为何要修复废弃矿区生态

一、废弃矿区生态恢复的必要性

矿产资源是推动社会资源发展的重要物质基础，对矿产资源的合理开发是非常有必要的，但是在开采的过程中也会不可避免地产生一些问题，并且开采活动对于生态环境的破坏很多都是不可逆的。

我国是一个矿产资源相对丰富的国家，由于矿产资源开采会对生态环境造成破坏，使得资源与保护生态环境之间的矛盾也越来越明显，甚至影响到了我国的社会发展。

我国每年产生的工业固体废弃物中绝大多数都是来自矿山的开采活动，矿山开采的危害比较严重，在开采的过程中也会产生大量的废弃物，如果没有对这些废弃物进行及时处理，它们就会对生态环境造成危害，甚至还会成为污染源。矿山的生态危机已经出现，人们必须要加强重视，加强对矿山地区的建设与保护，建设好矿山的生态环境已经成为矿业持续发展的重要影响指标。废弃矿区主要的类型包括排土场、采场、尾矿区三种。

二、废弃矿区生态恢复的研究背景

矿业是我国的基础产业，是推动国民经济发展的重要力量。我国绝大多数的生产资料也是来源于矿业。经济增长必须要有相应的矿产资源作为保障，随着我国经济发展，各行业对于矿产的需求也进一步增大。

总体来讲，矿产资源十分的重要，不管是在今天还是在以后，矿产资源都会发挥重要的作用，并不会成为夕阳工业。矿产资源是推动社会发展和经济建设的重要的物质基础。如果没有充足的矿产资源，就很难实现长期协调稳定的发展。

矿产是我国的主要能源，在挖掘矿产资源的价值的过程中，不仅仅会促进经济发展，也会带来生态环境方面的问题。人们对不同矿产资源的开发、利用程度不同，其对生态环境的影响程度也就不同。

"先污染后治理"的开发策略所带来的结果只是污染物从一种介质向另一种介质转移，并没有真正地消除污染，而且也无法解决复杂的生态系统的环境问题，不能从根本上解决经济发展与生态环境的矛盾。总的来说，目前矿区污水基本得到了资源化利用，但目前利用的深度还不够，有些矿区在污水处理能力上还达不到要求；有些矿区在煤矿山综合治理方面逐步探索出了具有自身特色的绿化模式，但矿石资源化利用还不充分；矿区噪声、大气污染在个别区段还比较严重，塌陷地未能从根本上得到综合整治；在矿区工业生态系统中，未能形成比较完善的生态产业链（网）。

矿区是一个复杂的系统，它既包含生态因素，也包含社会经济因素，矿区要实现可持续发展，实现资源的良性开采和利用，就要求生态环境和经济两大系统和谐发展。在对矿区生态环境进行综合工程治理的同时，应调整矿区内的产业结构，促进产业结构升级，使经济发展真正适合本矿区的生态特点，保证矿区生态环境恢复的效果。而在以往的研究和实践中，人们往往只侧重于某一个侧面，从事生态环境工作的人所关注的是区域的生态恢复，而从事社会经济工作的人则侧重区域的非生态系统，使矿区内的生态环境和生态经济两大系统被人为地割裂，这不符合可持续发展的要求。因此，如果不能很好地解决资源、环境、经济和社会协调发展的问题，那么它们必将对矿区持续、稳定、协调发展产生严重影响。如何对矿区当前的生态状况进行恢复和建设，并改变区域内产业结构以促进生态环境恢复的良性发展，开展对这一问题的研究对于矿区落实科学发展观，建设和谐矿区，走可持续发展之路具有重要的理论意义和实践意义。

开展此项研究的根本目的就是使废弃矿区从"高投入、高消耗、高污染、低效益"向"低投入、低消耗、低污染、高效益"转变，实现节能减排和矿区可持续发展。矿区正处于经济快速发展时期，但其发展的同时又受到资源和环境的制约，人们希望矿区既要快速发展经济又要保护环境，用较少的能源、资源支撑经济的高速发展。因此，生态环境系统重构对矿区可持续发展具有十分重要的战略意义。

保护自然资源和生态环境，实现社会可持续发展。生态环境系统重构，就是落实节约增长和清洁生产的理念，优化资源配置，提高资源运行效率，节约资源消耗，减少环境污染，使人与自然和谐发展。生态环境系统重构，可以防止人对自然资源的无限索取和对自然环境的无节制破坏，是遵循自然规律和生产力发展规律的明智之举，是贯彻落实以人为本、全面协调可持续的科学发展观的本质要求。

三、可持续发展的要求

可持续发展要实现的是一个综合目标，要在时间与空间上实现各个方面的可持续发展。当前，我们主要还是要实现可持续发展的两个重要转变，一是由工业文明向生态文明转变，二是实现低碳化的经济增长模式。

（一）工业文明向生态文明转变

人类社会在发展的过程中经历了不同的时期，直到工业革命开始，工业文明占据了人类文明形态的主导地位，工业文明是人类社会发展的结果，但是这样的发展模式是建立在大量的资源消耗的基础之上的，虽然带来了大量的物质财富，但是同样也对生态环境造成了一定破坏。这样的发展模式终究是不能长远的，其获取经济效益的代价是破坏生态环境，这样的模式也不会成为主流模式。

生态文明也是人类文明的一种体现，其强调可持续发展，保护生态环境，使人与生态环境和平相处。生态文明也主张在改造自然的过程中提升人们的物质生活水平，这与农业文明及工业文明的出发点是一致的。生态文明强调人类要爱护自然环境，保护生态环境，尊重自然规律，不能无视生态环境。在生态文明的价值观念中人与自然都是主体，都具有一定的价值，生态文明尊重自然规律，争取社会经济的可持续发展，实现经济、社会、环境三方共赢。因此，工业文明要向生态文明转变。

（二）低碳化的经济增长模式

传统的、粗放型的经济增长模式是资源、产品、废弃物的单向模式，这样的模式比较单一，也就是说创造的财富越多，消耗的资源也就越多，对于生态环境的破坏也就越大，这样的经济增长模式显然是不利于生态环境保护的，也不会实现可持续发展的相关要求。

低碳型的增长模式重点是保护资源与环境，实现低污染、低消耗、低排放，争取用最小的资源消耗，获取最大的经济效益，形成低投入、高产出、可循环的经济发展模式，挖掘资源的最大价值，使经济发展与环境保护双向发展。

1. 新型城镇化的发展

改革开放以来，我国城镇化发展进程不断加快，我国的城镇化率在不断增长，城乡结构与面貌也发生了巨大的变化，新型城镇的出现与发展，构成了中国城镇的新气象。

我国的城镇化虽然取得了一定的成绩，但是在发展的过程中也出现了一系列的问题，如对能源、资源的利用效率不高，对生态环境造成破坏，导致众多自然灾害发生等，这也对人们正常的生活构成了威胁。推动新型城镇化已经成为一种趋势，也是一种必然要求，即转变城镇发展的模式，走新型城镇化道路。

新型城镇对于城镇的自然资源、环境承载能力与城市生态保护的要求越来越高。面对城镇人口的不断增长，如果只是简单地扩大基础设施建设，这样并不能完全满足人们日益增长的社会需求。但是同时也对生态环境造成了破坏。

绿色基础社会规划作为一种可以实现城镇良性发展的重要途径，其在尽量不改变自然环境的基础上，充分利用周围的自然条件与自然规律，进行基础设施建设，这与我国新型的城镇化内涵是相符合的。

在城镇化建设的过程中，大量的矿产资源会被开采，以实现城镇化建设需求，支持工业生产发展，但是因为矿产资源具有不可再生性，一部分矿产资源会面临枯竭的危险，很多矿区在开采结束后，废弃矿区就会逐渐被抛弃，废弃矿区所带来的环境污染与资源破坏，就会被人们所遗忘，而在新型城镇建设的过程中，要对废弃矿区进行合理利用，使废弃的矿区成为绿色基础设施建设中的重要组成部分。

2. 城市发展的需要

国家对城市的发展给予了高度的重视。作为城市废弃地之一，废弃矿区的生态修复工作也是"城市双修"实施计划的重要环节之一。这使得废弃矿区的生态修复与景观再生也迎来了良好的发展机遇。

对废弃矿区进行适当生态修复，可以弥补采矿活动对生态环境造成的伤害，使之成为城市绿地系统的重要组成部分，提升城市的环境质量。例如，我国的三亚市作为"生态修复、城市修补"的时代典型，取得了良好的成绩，成为具有典型示范意义的例子。

提升生态修复的现实功效，要实行因地制宜的方法，利用多种有效的技术，采用合理的措施，提升城市发展的质量，将城市空间发展与自然发展相结合，营造出更多可以满足群众日常生活的空间场所。

"城市修补、生态修复"应以城市总体规划为纲，形成社会共识，通过多种途径努力实现城市发展目标，在全社会维护城市规划的权威性和严肃性，杜绝违法建设。善治是城市治理的基本追求。人们应根据城市发展的实际条件，研究治理主体多元化和治理机制弹性化的途径，积极探索民主文明、共同富裕、群策群力的城市治理之道，体现出平等包容、共识导向、公众参与、共享成果的内涵。完善城市治理是重要的社会过程，在推进新型城镇化过程中，政府要不断提高市民素质，改善群众的生活质量，不分城乡、不分地域、不分群体，为每一个成员创造平等参与、平等发展的机会。

"城市修补、生态修复"工作应当围绕城市发展目标、城市原有定位，明确"城市修补、生态修复"对于实现未来城市目标的积极作用，明确"城市修补、生态修复"在提升城市品质、改善和恢复城市生态方面的重要价值。具体而言，"城市修补、生态修复"服务于原有城市目标，其重要作用和实效价值主要体现在提升城市综合品质、改善城市生态及增强城市综合服务能力三个方面，判断"城市修补、生态修复"的实施效果，也可以从这三方面来进行。

落实"城市修补、生态修复"需要人们总体统筹，制订实施框架，分解步骤，持续做功，切忌短视，切忌冒进。人们应该意识到，我国当前正处于转型发展的新时期，"城市修补、生态修复"作为重要的城市工作，也应当持续、渐进，不做大拆大建、大动干戈的剧烈运动，在和谐的环境中顺利推进，应是工作的重要原则。

城市具有系统性、开放性、复杂性等基本特征，每个城市又存在不同的情况与问题，由于认知能力有限，规划工作常常将工作重点聚焦于城市空间的研究与治理，但空间问题复杂、头绪多，不易解决，因此"城市修补、生态修复"工作应该抓住重点，集中突破。

四、建设绿色矿山的需要

（一）发展历程

矿山作为工业化不断推进的重要助推剂之一，随着工业化加速时期和转型时期的到来，工业发展对矿产品的"量"和"质"的双重需求也不断增加，中国矿业面临着经济发展和环境保护协调、短期效益和长远发展协调、增加量和提升质等多方面的矛盾。

当前，资源问题是全世界关注的重点问题，资源安全是一个国家和地区健康发展的保证，在此背景下，节能减排和环境可持续发展日益受到人们关注。国内为应对资源安全问题和环境发展问题，提出了科学发展观，全国各行各业在此理念指导下，也开始了对科学发展观的学习和探索，矿山企业也不例外，并在可持续发展观的指导下，提出了绿色矿山的概念，绿色开采理念被提出并受到矿区重视，随之，国家出台许多相关政策与法规来促进绿色矿山建设。

（二）建设意义

发展绿色矿山具有重要的理论意义与现实意义，其并不是简单地将矿山变成绿色，还要将绿色开采的理念与方法贯穿整个开采过程，实现对矿产资源的保护，确保经济效益、环境效益、社会效益三方统一。绿色矿山建设会涉及不同主体的经济效益，只有社会中不同主体行动起来，共同推进矿山建设的生态化，才可以达到预期的目的。

1. 与国家建设步伐相一致

矿产资源作为国家重要的战略资源，直接关系到国家的能源安全。虽然我国的矿产资源相对丰富，但是我国的人口数量也比较多，矿产资源总量大、种类多，但是人均占有量少是我国矿产资源的基本情况。鉴于我国的资源紧缺，环境污染严重，我国提出了科学发展观的概念，强调可持续发展的重要性。因此，绿色矿山建设是与国家建设的步伐相一致的。

2. 改善民生，促进社会和谐

矿山建设对于地方来讲，是一把双刃剑，有利也有弊。矿山开采，可以带来经济效益，促进当地就业，拉动当地的经济发展，但是粗放式的开采方式，会对生态环境造成致命性的打击，危害附近居民的身体健康，形成居民与企业之间的矛盾，影响的社会稳定性。绿色矿山建设可以借助最先进的技术，降低对环境的破坏，改善矿区周边的生态环境，缓和居民与企业之间的矛盾，促进社会稳定，在增加居民的收入的同时，可以改善周边的生态环境，促进社会和谐。

3. 加强行业自律

不管是什么类型的企业，其最终目的都是为了盈利，这也就是社会效益、环境效益、经济效益放在一起时，大部分的企业都会选择经济效益，矿山企业也是如此。如果这三种效益产生矛盾的时候，他们还是会倾向于经济效益。

绿色矿山建设对于矿山企业而言，是机遇也是挑战。绿色矿山建设可以促进企业发展，更新技术发展，有助于企业自律，这是提升企业综合竞争力的良好机会，但是想要实现绿色矿山建设就会增加企业的运行成本，也会提高对开采技术的要求，因此企业必须要做出改变。

4. 提高资源利用率

传统的矿产资源开采会采用粗放的开采模式，这种模式就是典型的追求经济效益，忽视环境保护的做法，会造成生态环境被破坏与资源浪费，这种开采模式站在短期发展的角度看似并没有坏处，毕竟可以带来经济效益，但是矿产资源属于不可再生资源，这样的开采方式只会加剧资源消耗，站在长远的发展视角，这种开采模式并不可取，矿产资源也会面临枯竭的风险。绿色矿山建设虽然不能保证可以从根本上解决矿产资源枯竭的问题，但是其可以从可持续发展的角度，保护矿产资源，提高资源利用率，缓解矿产资源紧张的问题，确保矿产的价值。

第三节　废弃矿区生态修复的理论基础

一、废弃矿区生态恢复规划的原则

矿区资源开发势必会对自然生态环境造成影响，只是根据开采的方式与程度不同，其对以后复矿区土地的复垦工作造成的影响程度也不同，根据我国目前土地的现状，针对废弃矿区生态恢复的规划如下。

（一）因地制宜

生态恢复工作的实施与进行要根据其所在地区的自然环境条件，合理地对各种土地类型进行利用，使遭到破坏的土地得到应有的恢复，发挥出最大的效益，充分挖掘其潜在的价值。

因地制宜不仅仅体现在空间上，还体现在实践更替上，对于以往因为采煤塌陷的水田，在进行生态修复时就不能再将其恢复为水田，只能将其恢复成旱作农田，这是由于采煤造成的地下水系破坏在短时间内不会得到恢复。

（二）可持续发展

可持续发展思想对于废弃矿区的土地恢复具有十分重要的意义，对于废弃矿区而言，由于矿产资源开发与利用的不可持续性，要恢复其造成的生态环境破坏就必须要立足于土地恢复的基础之上，改善生态环境，弥补采矿活动对生态环境的伤害，以实现可持续发展的最终目标。

（三）综合效益

矿区土地恢复是集社会发展、经济增长、生态效益于一体的综合效益模式，不单单是修复矿区生态，这是一个综合目标，其追求社会、经济、生态三方效益的综合。

（四）统一规划

坚持开采工艺设计与恢复设计相结合是外国矿山最常用的做法。对于采矿的要求与恢复的要求进行统一规定，可以方便日后管理，减少不必要的麻烦，节省费用，使遭到破坏的地表可以尽快恢复原有的生态功能，这体现了统一规划的重要性。

二、环境美学

（一）环境美学的定义

环境美学作为一门新型的学科，已经形成了自己的学科理论体系，也越来越重视实用性，其正努力将环境美学与环境保护及建设相结合。环境美学重点是研究环境的美感，提高环境体验，运用环境美学解决现实中的各个问题。

（二）环境美学的主要研究内容

1.研究对象

自古以来，人与自然的关系就是环境问题产生的根源，也是环境美学的研究的重点与基础。人类处于不同时期，对自然环境的认识与需求也是不同的，在人类诞生的初期，人们对自然是一种崇拜的心理，对自然环境的改造能力几乎是没有的，这一时期的人们对自然是服从的。

当人类文明出现之后，人的主体性开始上升，人类逐渐成为生产活动的主导者，由于经济发展的需要，人类对自然的要求越来越多，甚至出现了对自然资源过分开发的行为，在这一时期自然的主体性开始重新进入人们的视线。人们开始认识到自然环境保护与经济发展的关系，历史告诉我们，获取经济价值如果是以破坏环境为代价的，那么最终经济价值也会丧失，如何平衡这两者之间的关系就成为环境美学的重要研究内容。

从审美的角度出发，环境审美是感性的，也是人对生活的一种现实体验，随着环境美学不断发展，其引发了人们更加深化的研究与思考，由此构成了环境美学的主要研究内容。

2.根本性质

环境美学的研究内容不只是人存在的空间的状态与形态，也会涉及整体环境中参与者的体验感受。环境美的根本性质是家园感，所谓家园感就是人与环境中各个要素之间进行审美互动活动产生的审美体验。

生活在优美的环境中是每一个人的基本诉求，环境中作为人类的家园可以为人类提供必要的物质，这些物质是人类生存的必要条件，自然环境是人类生存的根本，而社会环境是人类居住的地方，人类要融入社会环境之中才可以实现自身的价值，人的价值要有一定施展的平台才会有所体现，这样人类才会有存在的意义。

环境是人类发展的家园。环境有着自身的发展规律，人类必须要适应环境的变化，这样才会不被环境的变化所淘汰。人类改造自然环境的前提是尊重自然规律，而不是任意妄为，随心所欲。人类与环境之间关系是互动的，人类并不能凌驾于环境之上，两者之间是相辅相成的关系。

3. 现实功能

环境美学的现实功能主要是指乐居与乐游。环境就是人类赖以生存的家园，人们从居住的角度将环境分为宜居、利居与乐居三种，其中乐居是一种理想的居住状态。环境是人与自然相互作用的产物，优美的环境更适合人类居住，也更利于人们发展，也符合环境美学的要求。乐游是环境美学另一种现实功能，乐居与乐游其实并不冲突，这两者也是可以相互促进，相互影响的，乐游更强调一种动态的审美，如当今比较流行的生态旅游，就是基于人文环境开展的。

4. 自然环境

环境美学的研究内容中也会涉及自然环境与社会环境之间的相互作用。自然环境美不仅体现在具体的事物之中，也会体现在事物的内在习性与个性之中，丰富多彩的自然因素构成了不同的自然环境，不同因素的结合形成了不同的美感。即便是同样的物种，个体之间的美感还是有差异的。

自然景观是由不同的自然物构成的，它们之间通过相互作用，创造出不同形式的景观。任何一种自然景观都不是独立存在的，与它相对应的自然因素就会衬托出它的美丽与生机。人们对于城市中的关键生态节点要有一定了解，对于重要的景观节点要进行重点保护，对生态环境中的山林、湖泊、湿地等应该进行保护与修复，还要加强对整体生态环境稳定性的保护。例如，城市滨海地区的红树林湿地群落及珊瑚生态系统；建构城市生态网络的关键点或现状城市生态网络的断裂点，即城市河流入海口和河流交汇处、被侵占的城市湿地等蓄滞洪区；具有保持城市景观多样性战略意义的地域，即城市中珍稀物种的保护地、森林公园等。

自古人类聚集地就依水而建、择水而居，时至今日，大量人口集居的城市都是依水而建的。水是人类赖以生存的必要条件，也是社会经济发展不可缺少和不可替代的资源，具有极重要的战略地位。而现今城市内水问题突出，水资源短缺、水污染恶化及与水相关的各类生态系统（海岸、湿地等）逐渐消失，使城市日常生产生活受到严重影响。人们要通过修复水环境的生态达到恢复城市河流生态系统、恢复生物多样性、改善水质等专项目标，满足动植物群落生存发展所需物理生境条件需求，使之前遭到破坏的生态系统得到应有的保护与恢复。研究人员要对生态环境的修复工作进行深入研究，将生态修复与景观设计相结合，构建良好的生态环境。

5. 人工环境

（1）农业环境

农业在我国的重要性已经无须多言，在 20 世纪的末期，农业开始进入美学家的视野，农业的美主要体现在农业景观中，农业景观属于人造的自然景观。农作物在其中体现了生命性与价值性。农业景观与其他人工景观相比，具有自然性与生命性，农作物在土地上生长，家禽需要借助土地活动，不管是农作物还是家禽，因为有生命，这些景观才处于不断变化的过程中，演绎着生命循环的过程，这个过程可能是有序的，也可能是无序的。

农业景观不仅只是生命景观，还是人与自然共生的生态景观。农业景观发展也是建立在良好的生态性的基础之上的，农民通过创造或者是改良生长环境，创造出适合农业农作物的环境，但是同时这对原生自然环境也是一种破坏，要维持人与自然的生态平衡，既要维持农业的发展环境，又要满足人类的基本需求。

农业景观与自然环境构成了一个有机整体，在农业中自然景观的所有构成都与农民的生活息息相关，尽管如今的科学技术已经很发达了，但是农民对自然的依赖并没有消失。

（2）城市环境

城市是文化创造的产物，也是人类聚居的场所，其将自然美景观与人文景观融合在一起。自然景观是城市景观的基础，但同时自然景观也会制约城市景观的发展。

城市景观不仅是城市形象，更是城市在发展过程中的文化积淀，城市景观反映着城市发展的历程，城市文化、城市景观共同铸就了城市的社会环境。历史文化的积淀造就了城市中的地域特色，影响着居住在城市中的人的思维方式与价值观念，只有构建具有文化认同的城市人文景观，城市社会环境才有存在的价值。

生态构成了城市的自然环境，城市景观是人类创造的产物，既然有人为因素的影响，就肯定会存在一定程度的改造，改造从本意上讲是为了优化自然环境，但是从自然环境的角度上，就是对生态环境的破坏。不难发现，我国自古以来的城市规划都十分注重人与生态环境和谐统一，只不过在发展到后来演变成了只重视城市建设，而忽视了对自然的尊重，但是人工环境与自然环境如果背道而驰就只会产生负面效应。城市景观不仅仅是体现了人类的基本需求，还是人对自然认识与利用的能力的体现，城市景观反映的是一个时代，是当时社会追求的价值的体现。

（三）环境美学在废弃矿区再生中的应用

环境美学更注重环境建设与生态保护。废弃矿区再生中的美学建设，就是在原有的基础上进行的。人们通过对废弃矿区的相关环境的综合分析，将环境美学的相关知识应用到废弃矿区的再生设计之中。废弃矿区就是自然环境与人工环境的结合体，它们共同构成了废弃矿区景观再生的因素。

废弃矿区再生中的自然景观修复应该与矿区的实际情况相结合，突出当地的生态条件，从不同的角度与层次引入自然景观。站在环境美学的角度上，利用植物的丰富性与层次性，营造不同的自然景观，强化它们的美感。

在废弃矿区的人文景观再生设计中，工业遗留物也是对整个矿区工业技能、产业形象、文化积淀的体现，对于这些遗留物应该适当利用，可以适当保护、改善，形成新的景观。

三、恢复生态学理论

（一）恢复生态学的定义

工业革命之后，人们越来越追求经济效益，对生态环境的破坏也越来越肆意，众多生态问题的出现，反映出了人类在追求经济效益的过程中对生态环境的破坏，这必须要引起人们的重视。

生态环境的系统退化看似缓慢，实则却是致命的，生态环境一旦出现问题，就不会在短时间内得到恢复，就会危及人的正常生产与生活。我国棕地的数量呈现出了上升的趋势，尤其废弃矿山问题，矿产资源在失去开采价值之后，很容易出现山体崩塌、土质污染、生物多样性消失等问题。环境问题将直接导致生态系统严重退化，这种问题使人们将更多的注意力放在生态环境的修复过程上，使人在追求经济效益的过程中，也开始注重保护生态环境，尤其是治理废弃矿区与棕地。

城市中的棕地是指已开发、利用并已废弃的土地。城市中的棕地以工矿业废弃地、垃圾填埋地居多。这些用地由于距离城市中心较近，对城市可持续发展有着重要作用，是一批可以再开发利用的财产，只是这笔财产的真正价值被一些可见的或潜在的危险与有害物质所掩盖，如土壤重金属污染、地下水污染、空气扬尘等。棕地生态修复通过自然或人工生态修复手段，对棕地进行清洁、利用和再开发，以此来推动棕地所在城市及区域在经济、社会、环境诸方面协调和可持续发展。棕地修复主要遵循可持续利用、污染者负担、安全、先治理后开发、经济的原则。

恢复生态学是一门研究生态系统修复的学科，植被重建是对原有自然环境最精细的模仿，人为或自然灾害造成的土地破坏通过理论和技术支持都有可能恢复到最初的自然状态。

恢复生态学作为一门新兴的学科，目前尚无统一的定义，不同的学者从不同的侧重点提出了不同的学术观点。观点虽有所不同，但总的来看，人们都认为恢复生态学是一门研究受损生态系统恢复或重建的学科。

（二）恢复生态学的主要内容

恢复生态学主要是用于恢复与重建受到自然灾害或者人为伤害的，已经退化的生态系统。生态系统的恢复工作并不能立刻见到效果。因此，恢复生态更要尊重自然规律，不能只求速度忽视质量。

恢复生态学作为生态学的重要分支，是在生态学的相关理论基础上提出的，再加上恢复生态学的定义出现的时间比较晚，还是一个交叉学科领域，因此会借鉴一些其他领域的方法。其中，一种是来自生态学的理论，有生态因子作用原理、生态位原理、演替、生态系统功能、干扰、互利共生等；另一种是恢复生态学在自身发展过程中产生的理论，有状态过渡性及阈值、集合规则、参考生态系统、人为设计和自我设计和适应性恢复等理论。

恢复生态学的研究开始相对较晚，再加上有关于它的研究也比较少，因此相关理论也不丰富，目前比较令人认同的就是人为设计与自我设计理论，在此之后人们陆续出现了集合规则、参考生态系统等内容。

1.人为设计和自我设计理论

人为设计理论认为，通过工程方法和植物重建可直接恢复退化的生态系统，但恢复的类型可能是多样的，这一理论侧重从个体或种群层次上考虑。在时间充足的条件下，退化的生态系统会随着时间的推进，根据环境条件进行合理调整，最终改变其组成结构，强调生态系统层面上的恢复。

2. 集合规则

集合规则主要是群落集合特征及影响因素。生态系统中各个组成部分的整合、优化、协调，也是生态恢复的技术理论基础。集合规则理论是基于环境因子与生物因子对特定区域中植物的选择，从另一个角度来讲，生物群落中的因素构成是可以预测的，属于可控因素。

3. 参考生态系统

参考生态系统是在生态恢复时参照目标体系中的各项指标，主要是起对照与评估的作用。其中，参照物是生态系统发展过程中重要的参考信息，可以作为生态学的书面记录，参照物是生态系统的重要信息来源。

4. 固值理论

生态系统中的子系统会有不同的存在状态，但是也会有恢复阈值，因为生态系统具有自我调节的功能，但不是所有的生态破坏都存在恢复阈值，如果破坏程度已经超出阈值的范围，还没有及时采取人工措施进行干预，基本上就没有恢复的可能了。

5. 人工干预

人工干预的目的就是帮助已经退化的生态系统完成系统修复与重建，这只是一种手段，并不是经过修复与重建之后生态系统就可以完全恢复，毕竟生态系统的构成部分与结构都是比较复杂的。在此过程中，随着相关条件的改变，生态系统就会处于一个不断变化的过程，即便是在恢复过程中人们也要随着具体情况做出适当调整，恢复过程中还要兼顾不同的因素，恢复只是一种手段。

（三）恢复生态学在废弃矿山中的应用

矿业为我国的经济发展奠定了坚实的基础，满足了人类对于能源的需求，时至今日已经成为无可替代的存在。但是，矿产资源具有不可再生性，它的形成速度与人类的需求并不成正比，尤其是最近几年来，矿产资源的消耗越来越快，矿产资源开采还带来了生态环境的改变，我国由于开采矿产资源所带来的生态环境破坏并没有得到有效抑制，废弃矿山的数量也在逐渐上升。通过恢复生态学的研究成果可以帮助废弃矿区合理地重建与恢复，具有很强的现实意义。

随着相关问题出现，矿山企业与相关部门开始重视废弃矿山的生态恢复，恢复已经退化的生态系统，尽量恢复矿区周围的植被与生物多样性，对于已经污染的土地进行合理修复，使之重新被利用，对废弃矿区进行景观再造，赋予其一定的美学价值与观赏意义。在恢复废弃矿区的过程中，恢复工作会受到不同因素的影响，人们一定要对修复技术与施工方案进行可行性分析，确保有效性。目前使用的修复技术主要有物理修复、化学修复、生物修复三种。

1. 物理修复

①表土转换技术。首先要明确表土的定义，土壤顶部 15～20 cm 的泥土，这部分泥土就是表土，这部分泥土也是最有利于植物根部吸收营养的土壤，但是表土的形成周期十分缓慢。植被的健康成长离不开表土，但是表土会在开采矿产的过程中受到污染，因此表土转换技术可以有效地保护表土，将其与受到污染的土地分离。通过表土转换技术可以避免矿渣渗入土壤之中，保护土壤的应有价值，使其可以在短时间内可以实现复耕。

②表土改造技术。矿区中还会存在一部分已经堆放并且不容易移动的矿渣，这样的情况就需要表土改造技术。表土改造技术可以有效地缓解淋溶水的下渗，有效地避免地下水的污染，还可以保持土壤中原有的肥力。

2. 化学修复

化学修复是一种常见的修复手段，具有成本低、见效快、易操作等特点，因此不管是出于经济成本考虑还是出于效率考虑，人们都会选择化学修复。化学修复主要是使用一些化学肥料，对受到污染的土壤进行修复，对于不同受污染程度的土壤要采用不同的化学修复方法，除此之外还可以借助有机废物与有机污泥等进行恢复受污染土壤的肥力。

3. 生物修复

（1）先锋种群种植技术

顾名思义，生物恢复时可以选择一些适应恶劣自然环境的植物作为先锋种群，将它们种植在废弃的矿区中，由于这些植物的适应能力比较强，等到它们生长、繁衍之后，就可以实现恢复矿区的植物系统的目的。

（2）生物改良技术

植物的生长需要足够的氮元素支持，利用生物固氮技术可以有效地降低人们在改良土壤过程中对化学肥料的依赖。目前世界上有很多种有固氮作用的植物，还有可以利用蚯蚓改善土壤结构，协调土壤中的有机成分，促进植物的恢复与生长，实现生态修复的目的。

（3）微生物复垦技术

微生物也是土壤中的重要的分解者，其可以通过分解土壤中的有害物质，提升土壤的肥力，促进植物良性生长。

利用恢复生态学与相关学科帮助废弃矿区实现生态恢复，具有重要的现实意义。废弃矿区作为生态系统中退化的部分，如果能够通过改良使得生态环境得到恢复与改良，将有效解决生态环境问题。通过废弃矿区恢复与重建，有助于唤起人们的生态保护意识，推动社会向前发展。随着人们对生态环境问题的重视程度不断提高，人们会加强对生态环境与生态恢复领域的研究，实现人与生态环境和谐相处的目的。

四、工业遗产保护与再生理论

工业遗产不仅由生产场所构成，而且包括工人的住宅、使用的交通系统及其社会生活遗址等。但即使各个因素都具有价值，它们的真正价值也只能凸显于一个整体景观的框架中。综合各方观点，工业遗产应以工业遗存为核心元素，同时具有丰富的形态特征和多种功用价值，除了物质性要素外，工业遗产还应包括工业遗产所在场地的自然、经济和社会等方面的复杂问题。

工业遗产是一个复杂的系统，是由环境系统、社会系统和经济系统组成的统一体。工业遗产保护与再生的目的不仅包括保护其历史价值，也包括在新时代背景下，转变其功能结构，使其更适应当下条件，从而促进社会结构优化，推动地区自我更新。工业遗产具有时间、空间和文化属性。工业遗产具有完整的生命周期，其从初创到辉煌到衰败再到重生，记录了工业文明的辉煌和衰败，具有时间属性；工业遗产也具有空间属性，工业遗产要素分布的空间形态、布局及和城镇的空间关系都是工业遗产保护和再生需要研究的重点；工业遗产的文化属性则反映了工业遗产要素的文化内涵及其在历史上的有机联系，是工业遗产之"魂"。

五、废弃矿区生态修复规划与结构设计

废弃矿区生态修复作为一项比较复杂的综合应用技术，所涉及的内容比较广泛，废弃矿区生态修复已经成为矿区生态区重建的关键问题。

生态位通常是指生物种群占据的基本生活单元，每一种生物在生态空间中都会存在理想的生态位，但是由于各种客观因素的影响，就会存在现实的生态位，这就是理想与现实之间的差距，其要求生物要不断适应环境的变化，追求自己理想的生态位，保持生物与环境之间的平衡与和谐。

生态系统中存在很多生物，它们之间的关系是相互影响、相互依存、相互制约，它们之间的数量会形成严格的量比关系，在废弃矿区的修复的过程中，

也应该尊重自然规律，合理规划修复的途径与方法，实现生态平衡。

　　生态系统的合理结构可以保障系统中各项功能正常的运转，保持生态系统的稳定性与可持续性，生物之间的数量会遵循一定的量比，这样才有利于生态系统发挥整体功能。生物与环境之间也存在一定的关系与规律。废弃矿区的生态恢复要遵循上述的规律。结合具体的实际情况，进行合理规划，保护生态环境。

　　山水格局构建的核心是如何处理好城市与自然的关系，使人、城市与自然和谐发展。

　　矿区本身就是一个复合生态系统，包括了经济再生产与自然再生产过程，具有综合性的功能，在废弃矿区的生态修复过程中，一定要进行全方位规划，合理进行资源配置，选择合适的生态修复手段与技术，保障高生态效益的同时，求得较高的经济效益，对一个土地管理者和恢复生态研究者来说，其比较关心的问题是一个被干扰的自然生物体，其目前的状态与原状态的差距，还有它恢复到或接近原状态所需的时间。废弃矿区已经不具备正常土壤中的结构与肥力，原有的价值基本上也被消耗殆尽，在没有后续破坏之下，想要恢复到原有的状态也并不容易。

　　在自然生态恢复中，物理过程要比生物过程的时间更长，因此生态恢复时人们要对已经遭到破坏的生态系统有充分了解，选择合适的生态恢复技术，人为地加快恢复的速度，实现生态环境的修复。

　　废弃矿区的生态修复规划包括总体规划、小区规划、工程设计三个方面。三项内容缺一不可，在修复之前人们要充分了解废弃矿区的生态环境，对土地进行适宜性评价，土地修复过程所涉及的内容比较广泛，人们一定要进行综合考虑，提出可行性方案，实现修复的最终目的。

第二章　采矿对土地和环境的影响

矿产资源是人类赖以生存的物质基础，但是采矿不可避免地会对土地和环境产生破坏，造成水土流失、大气污染等，并且对矿区内居民的环境权利造成严重的侵害。本章分为我国矿产资源的开发利用、采矿对土地的破坏、采矿对居民权益的影响三部分。

第一节　我国矿产资源的开发利用

一、矿产资源的概念

广义的资源是指人类生存和发展所需要的物质与非物质要素，如水、空气、阳光、土壤、植物、矿产、动物等。狭义的资源是指自然资源。通常情况下的资源或自然资源都是指资源产品，即原料。

矿产资源是在地质作用过程中形成的，并赋存于地壳内具有价值的矿物或物质的集合体，其质量与数量都适应工业要求时，就能够在现有的社会经济与技术条件下被开采和利用。矿产资源主要分为三种形态，即固态、液态和气态。矿产资源是人类生存和发展不可缺少的物质基础。

广义的矿产资源是指在内外力地质作用下，元素、化合物、矿物、岩石等比较富集，人类开采后能得到有用商品的物质形态和数量。狭义的矿产资源是自然界产出的物质在地壳中富集成具有价值的形态和数量。

二、矿产资源的特征

（一）不可再生性

矿产资源是亿万年地质作用的产物。在人类相对短暂的社会历史中，矿产资源的蕴藏量是有限的，而且是不可再生的。随着人类的大规模开发利用，矿产资源不断减少，有些矿产资源发生短缺甚至枯竭。矿产资源的不可再生性决定了其价值宝贵，因此需要合理开发。

（二）相对性

在勘探、开发和冶炼技术落后的时代，低品位的矿石对人类而言如同岩石一样，不具有资源的意义。随着冶炼技术提高，人类能够从昔日低品位矿石中提炼有用的物质时，这些矿石才具有资源价值。因此，在不同的人类历史阶段，矿产资源具有相对性。矿石的埋藏深度亦决定了其是否具有资源价值，不能被人类开采的地下深处的矿石即使品位很高，也不能被称为矿产资源。

（三）复杂性

矿产资源绝大部分隐伏在地下，地质成矿、控矿作用极为复杂。因此，不管地质调查工作多么详尽，也只能求得相对准确的结果。因此，在资源勘探矿山建设时，不仅需要大量的资金和较长的周期，而且还有一定的风险。

（四）规律性

一般情况下，不同类别的矿产资源其地质形成条件也存在差异。例如，煤、石油及天然气等通常分布在沉积岩地区，而有色金属与岩浆活动有关。这体现出矿产资源成矿的规律性。矿产资源的地理分布受到地质条件、构造条件等因素的影响，成矿的地质作用特殊、复杂，因此许多矿产资源在分布上体现出集中分布的现象，在地域上体现出明显的不均匀性。例如，世界 1/3 的锡分布在东南亚，我国北方多煤，南方多钨等。

（五）伴生性

以一个矿种为主，其中相对含量较少的一种或几种元素或矿种，即为伴生矿。伴生矿床虽然可以一矿多用，但是其矿产资源选冶的技术非常复杂，开发利用难度很大。随着地质勘探工作不断深入，还有矿产选冶技术不断发展，人类对矿产资源的开发利用能力也不断提高。

（六）生态性

矿产资源赋存于地质生态环境中，人类开采矿产资源后，会影响地质生态环境，打破原有地质生态环境的平衡状态，严重时会诱发各种不良现象，甚至发生灾害。例如，矿产资源的不合理开发会造成生态环境进一步恶化，出现地下水位下降、土地沙漠化、地面塌陷、植被遭破坏等现象。

三、矿产资源的分类

矿产资源属于不可更新型的可耗竭性资源，据统计，当今世界95%以上的能源和80%以上的工业原料都取自矿产资源。为了合理开发利用矿产资源，根据矿产的性质、用途、形成方式的特殊性及其相互关系，而分别排列出的不同次序类别和体系被称为矿产资源分类。通常情况下，矿产资源可以分为原料资源与能源资源两种。原料资源包括金属原料（金属矿产）及非金属原料（非金属矿产）；能源资源包括矿物燃料及核燃料。矿产资源以其组成部分划分可以分为金属矿产和非金属矿产。在目前的世界矿业生产总值中，金属原料约占13%，非金属原料约占17%，能源燃料约占70%。在人类对自然资源的需求中，对矿产资源的需求量约占自然资源总量的70%。根据矿产资源的用途，可以将其分为以下几种。

（一）金属矿产

金属矿产是指通过采矿、选矿和冶炼等工序可以从中提取一种或多种金属单质或化合物的矿产。根据金属矿产本身的性质及工业用途，可以将金属矿产进行进一步划分：黑色金属矿产，如铁、锰等；有色金属矿产，如铜、铅、锌、钨等；贵金属矿产，如铂、钯、铱、金、银等；稀有金属矿产，如铌、钽和铍等；稀土金属矿产，如镧、铈、镨、钕、钐等。

（二）非金属矿产

非金属矿产是指那些除能源矿产外，能提取某种非金属元素或可以直接利用其物化性质或工艺特性的岩石和矿物集合体。工业上只有少数非金属矿产是用来提取某一种元素的，如磷、硫等，大多数情况下是利用非金属矿物的某种物理性质、化学性质或工艺性质。非金属矿产是人类使用历史最悠久、应用领域最广泛的矿产资源。非金属矿产可分为四类：冶金辅助原料，如菱镁矿、萤石及耐火黏土等；化工原料，如硫、磷及钾盐等；建材及其他，如石灰岩、高岭土及长石等；宝石非金属矿产，如玉石、玛瑙等。

（三）能源矿产

能源矿产又称矿物燃料，是指蕴涵某种形式的能量，并可以转化为人类生产和生活所必需的光、热、电、磁和机械能的一类矿产。能源矿产主要包括煤、炭、石油、天然气、铀矿等。尽管水力、太阳能、海洋能、风能等能源形式被越来越广泛地开发利用，但在能源消费结构中，能源矿产仍占90%左右，是人们取得能量的主要源泉。中国已发现的能源矿种可分为三类：①燃料矿产，又称可燃有机物矿产，主要包括煤、石煤、油页岩、油砂、天然沥青、石油、天然气和煤层气；②放射性矿产，包括铀矿、钍矿等；③地热资源。

四、矿产资源的成因

矿产的成因与整个地质循环密切相关，并与构造作用、地球化学循环及地质流体（包括地表水、地下水和泉水）有密切关系。矿产的形成作用一般包括岩浆作用、变质作用、沉积作用、生物作用和风化作用等。虽然矿产种类有很大差别，但成矿的基本机理非常相似。

（一）岩浆作用

岩浆矿床是指岩浆经分异作用，使其中的有用组分富集而形成的矿床。它可以形成具有经济价值的多种金属矿产，如铬、铜、镍、钴、铁等。有些矿床是早期晶体分离作用形成的，如橄榄石矿、铬铁矿，有些是由晚期岩浆作用形成的。

（二）变质作用

矿床经常在岩浆岩及其侵入围岩的接触带处发现，该区以接触变质作用为特征。区域变质作用和热液变质作用也可形成某些有用矿床。变质矿床是经变质作用改变了工艺性能和用途的矿床或岩石经变质作用后形成的矿床。例如，煤经变质后形成的石墨矿床，又如变质硅灰石矿床、蓝晶石类（红柱石、蓝晶石及矽线石）矿床等。

（三）沉积作用

沉积作用对聚集有价值的、可开采的矿床具有重大意义。在搬运过程中，风和流水使沉积物按大小、形状和密度排列。用于建筑方面的砂或砾石，都是由风或流水的搬运作用、沉积作用而形成的。沉积作用还可以形成金和金刚石砂矿。沉积作用形成的矿床包括机械沉积分异作用形成的砂矿床和化学沉积分异作用形成的盐类矿床等。

（四）生物作用

许多矿床是在被生物强烈改造的生物圈环境中形成的。有机物贝壳和骨骼可形成含钙矿物，目前人们已鉴定出几十种生物生成的矿物。生物成因矿物对沉积矿床的形成意义甚大。

（五）风化作用

风化作用也可以使一些物质达到一定浓度，并具有开采价值，如红土型风化壳是指上部具有较发育的铝土岩风化带或富含褐铁矿、赤铁矿的红土带（即最终水解带）的风化壳。富铝岩风化后产生的残留土壤，可使难溶的含水氧化铝和氧化铁相对富集，形成铝矿（铝土矿）。镍矿和钴矿也可在富铁镁火成岩风化后残留的土壤中找到。

五、矿产资源的供给现状

矿产资源是近代工业的基础，从绝对意义上说，地球的矿物是无穷无尽的。然而，由于技术水平与经济效益的限制，人们还不能从任何岩石中提取所需的物质。只有当某种元素富集到一定程度时，才具有可开采价值。例如，铁矿其可采的最低品位范围为 30%～40%，现已查明的世界储量约为 1500 亿 t，仅为地壳中铁元素含量的二十一万分之一。

由于成矿时期和地质作用的复杂多变，矿产分布很不规律。从全球范围来讲，大部分矿产的已知储量只在很少的几个国家中出现，而且每个国家都缺少某些有用矿物。根据相关部门的资料，目前世界 40 种主要矿种中，有 13 种矿产四分之三以上的储量集中在 3 个国家，这 13 种矿产分别是锰、锂、钴、铬、钼、钒、铂族金属、钽、铌、锆、钾盐、稀土、天然碱，有 23 种矿产四分之三以上的储量集中在 5 个国家，即除上述 13 种矿产外，还加上了锡、钨、磷、硼、锑、钛铁矿、菱镁矿、金刚石、金红石、重晶石。在 40 种主要矿种中，储量排名在前 3 位的国家，其储量占全球总储量的比例最低约为 30.7%，最高的约为 99.5%。由此可见，世界上几乎没有一个国家的矿产资源能够自给自足。矿产消费大国实施矿产资源全球化战略是其必然选择。

我国的矿种配套比较齐全，而且矿产资源总量比较丰富。能源矿产是我国矿产资源中的重要组成部分。在我国的一次能源消费构成中，煤炭、石油及天然气占 90% 左右。由于矿物能源在一次能源消费中占有重要地位，对社会发展具有重要意义。

我国的金属矿产资源分布广泛，储量丰富而且品种齐全。我国已经探明储量的金属矿产有 50 余种。全国各地的矿产地质工作程度不一，其资源丰富程度也存在一定差异。我国有些金属矿产资源比较丰富，如铜、铁、铅、钨、钛等，有些金属矿产资源则明显不足，如铬矿等。我国的非金属矿产资源也分布十分广泛，品种很多，资源丰富，已经探明储量的非金属矿产资源有石墨、金刚石和自然硫等。

随着世界人口不断增加和人们生活水平不断提高，人类对矿产资源的需求量越来越大。当前，在发达国家与不发达国家之间，存在着矿物资源消费量的差异，世界人口的 20% 享受着整个世界资源的 80%。

六、我国矿产资源的特点

（一）总量丰富，人均占有量少

我国是世界上矿产资源种类比较齐全，总量丰富的资源大国之一。我国已经探明储量的矿产资源约占全世界的 12%，但由于我国人口总量大，使得人均占有量不足，仅为世界人均占有量的 58%，居世界第 53 位。我国国土辽阔，如果根据单位国土面积拥有的主要矿产资源储量价值计算，每平方千米国土面积内拥有的矿产资源价值为世界平均水平的 1.54 倍，居世界第 6 位。

（二）综合矿多单一矿少

我国有一大批多组分综合性矿产，如攀枝花共（伴）生铁、钒、钛、铬矿，甘肃金川共（伴）生镍、铜、钴、铂族矿，湖南柿竹园共（伴）生锡、锑、铋、铅、锌矿，内蒙古白云鄂博共（伴）生铁、稀土、铌矿。这些综合性矿产，虽然增加了选冶难度，但如重视综合利用，则会大大提高矿产资源开发利用的经济效益。

（三）大型、超大型矿与露采矿少

总体而言，我国矿产资源矿区数量多，但大型、超大型矿与露采矿少，单个矿区规模较小。矿床规模较大的矿种仅有煤炭、石墨、稀土、铅锌、钨、镍、锑、钼、菱镁矿等。铜、铁、铝、硫铁矿等支柱性矿产主要是中小型矿床，大型、超大型矿床较少，难以形成较大产能，不利于大规模开发。

我国虽有一批在世界上堪称第一的特大型矿床，如内蒙古白云鄂博稀土矿、新疆阿舍勒铜矿、湖南柿竹园钨锡多金属矿、广西大厂锡矿、湖南锡矿山锑矿、辽宁海城菱镁矿和范家堡子滑石矿、内蒙古达拉特旗芒硝矿、贵州天柱县大河边重晶石矿等，但总体上仍以中小型矿偏多。在全国已探明有储量的矿产地中，70% 以上为小型矿床。

（四）贫矿与难选矿多

我国矿产资源中贫矿多，难选矿多，降低了我国矿产资源的利用率。我国铁矿石的平均品位为33.5%，低于世界平均水平。锰矿的平均品位为22%，而世界商品矿石工业标准为48%。除此之外，许多矿区的杂质磷含量很高，在利用前还需要进行选矿与脱磷处理。我国绝大多数的铝土矿为一水硬铝石，但其生产氧化铝的成本明显高于一水软铝石和三水铝石。

我国金属矿产的品位普遍较低，就目前已探明的储量看，86%的铁矿属于贫铁矿，70%的铜、磷、铝土矿和50%的锰矿也为贫矿。此外，铬铁矿、铁矿、铅矿、钼矿、砷矿、硫铁矿、银矿、铂族矿、铍矿、钽矿、锆矿、硼矿等10多种矿产的平均品位均低于国外同类矿种的平均品位。

（五）资源分布不均匀性和区带性

总体来说，我国矿产资源分布广泛，各地均有不同规模、不同类型的矿产资源，但是由于矿产资源形成的地质条件不同，使得矿产分布具有显著的地域差异，体现出矿产资源分布的不均匀性与区带性。我国有80%的矿产资源分布在北方，铁矿资源大多数分布在北方，化工矿产资源大多数分布在南方。

我国已探明的煤炭资源有90%集中在华北、西北和西南地区，而用煤量较大的东南地区则煤炭资源较少，由此形成了"西煤东运""北煤南调"的局面。我国70%的磷矿集中在滇、黔、川、鄂，北方大量用磷，由此形成了"南磷北调"的局面。我国的铁矿资源集中在晋、冀、辽、川，但其开发利用同样受到交通运输等方面的制约。因此，我国资源产区与加工消费区十分不匹配。

在我国西部边远地区存在一些尚未开发利用的大型、超大型矿区，但其开发利用难度较大，如西藏的铬矿等。基于我国矿产资源的分布情况，矿业发展重心应该是逐渐向西转移。矿产资源开发是我国西部大开发战略中的重要内容之一，随着西部地区市场开放程度不断提高，基础设施不断改善，西部地区的矿产资源开发利用工作将快速发展。

我国已知的20多万个矿床（矿化点）散布于全国各地，但大部分矿产的探明储量具有区域性集中的特点，如铁矿50%的探明储量集中于辽宁省鞍山及本溪，河北东部，攀枝花以西地区；煤矿储量的64%集中在山西、内蒙古和陕西；铝矿近90%的储量集中在山西、贵州、河南、广西；磷矿储量的77%分布在云南、贵州、四川、湖北、湖南。这种地理分布的不均衡性，对我国矿业布局和经济发达地区与不发达地区资源的合理配给产生了很大的影响。在相当长的时间内我国将保持"北煤南运""南磷北送"及"西矿东流"的局面。

（六）成矿地质条件良好

我国处于三大成矿域交汇处，构造岩浆活动频繁，演化历史复杂，成矿地质条件良好，具有很大的矿产潜力。我国地质工作中发现了许多物化探异常区域和矿化点，但大部分尚未验证、评价。我国西部地区虽然矿产资源探查程度较低，但是成矿地质条件良好，找矿潜力很大。

七、我国矿产资源开发利用存在的问题

（一）矿产资源耗竭速率过快

我国长期以来特别强调矿产资源开发对区域经济增长的基础性作用，但劳动效率普遍较低，导致许多矿产资源遭到破坏、浪费，资源产出效率低，消耗水平高，经营市场秩序混乱。目前，我国单位矿产资源投入产出只达到美国的1/3 和日本的 1/6，但矿产资源开发速度却明显高于世界平均水平。改革开放以来，我国矿产资源无论是保有储量还是矿产品产量、矿业产值都有大幅度提高，但总体来说我国矿产资源的耗竭速度仍然高于世界平均水平。矿产资源形成需要很长的生命周期，随着资源储量不断减少，矿业会逐渐萎缩。高速度的矿产资源开采及大规模的资源浪费，会造成矿业萎缩过快，不利于国民经济发展。

（二）矿产品供给总量过剩和结构性短缺并存

近些年我国矿产品生产总量供大于求，导致矿产品积压，但同时一些高质量、品种适销对路的矿产品却供不应求。我国可利用的矿产资源储量不足，使现有矿产产能降低，但缺乏接替资源。我国矿产品自给能力不断下降，进口量不断增加。从总体上说，我国矿产品供需矛盾将进一步加剧，国内矿产资源供需形势严峻。

（三）矿产资源利用效率较低

目前，大部分国有矿山企业是 20 世纪 50、60 年代建立的，企业负担重，技术改造难度大，自我发展能力较差，而多数中小型集体、个体矿山企业缺乏科学管理或资金技术力量薄弱，矿业企业生产技术及设备普遍落后，采富弃贫，经营粗放，效益不高，一些优势资源未能转化为经济优势。我国能源效率低下，虽然节能工作取得了相当的成绩，平均每年节能率为 5%，但平均能源效率与世界先进水平相比仍有较大的差距。国内平均供电煤耗比国外高，全国工业锅炉年煤耗高，但平均效率只有 60% 左右，比国际水平低，民用直接燃煤设备效率更低。

（四）环境问题突出

矿山开采占用、破坏大量的土地，造成环境污染，导致矿区土地质量下降，可耕用地大量减少，地表景观、地质遗迹等遭到破坏。矿区塌陷是破坏土地资源的重要因素之一。矿产资源在开采和选冶过程中会排放大量废水、废气和废渣等，而治理能力又较差，对生态环境产生了很大影响。开发矿产导致的生态环境问题和灾害未引起人们足够的重视，防范不利，矿区塌陷造成的土地损坏未能得到生态恢复，矿产排水导致地下水位下降、水污染等问题，对人、畜及农业生产构成了潜在危害。

（五）矿产资源勘查投入不足

国家公益性地质勘查工作减少，许多商业性地质勘查工作仍旧依赖于国家投资。传统矿业企业经营机制、管理体制等越来越不适应市场经济发展趋势，矿业资本市场、矿业产权市场等发展萎靡。除了石油、天然气勘探开发外，矿业领域利用外资进展缓慢。国有矿产企业经济效益差，负担沉重，发展困难。矿业投资环境差，投入严重不足，缺乏经济活力。矿产资源开发管理体制改革滞后，矿业市场不发育，矿业投资环境有待改善。

（六）矿业宏观调控能力较弱

我国矿业在区域政策、产业结构调整、经济总量平衡、矿产品生产和矿产品进出口秩序等方面都存在一些问题。矿业生产中上游与中下游的比例不协调，生产加工能力明显大于冶炼能力，而冶炼能力又明显大于资源开采能力，使下游生产能力闲置。小规模矿山及加工企业重复建设多，产业集中度、规模化、集约化程度低；其矿产品以原矿和初加工产品为主，精深加工能力弱，高附加值深加工产品比重小，整体经济效益差，矿产资源优势未能充分转化为经济优势。部分地区凭借资源优势，采富弃贫，盲目发展，冲击市场，不利于矿山的持续发展。

（七）缺乏矿产供应安全保障和反应机制

储备一定数量的矿产资源，有利于应对国际突发事件。我国已经发布了实施矿产资源战略储备的政策，但目前我国尚未制定矿产资源战略储备相关制度及特别矿产资源地的保护性开采措施，适应市场变化及应对突发事件的能力较弱。资源不足已经成为制约经济发展的瓶颈。为了满足国家经济发展对矿产资源日益增加的需求，相关部门应该制定矿产供应安全保障与反应机制，这也是经济全球化对国家经济发展提出的必然要求。

第二节　采矿对土地的破坏

一、废渣、尾矿占用土地

我国各类尾矿堆积量逐年增长，持续大量占用土地，但土地的复垦率远低于发达国家。目前煤矿的排矸量约占煤炭开采量的 10%～25%，已成为我国累积堆积量和占用场地最多的工业废物。我国全国煤矸石的总积存量约为 45 亿 t，而且仍在逐年增长。

煤矿用露天方法开采产生的固体废弃物主要是剥离土石方，用井工开采产生的固体废弃物主要是煤矸石。煤矸石占地面积主要取决于排矸量和堆放形式，露天矿剥离土石方的占地面积主要与剥离量和地方条件有关。据相关调查，一般平地堆放的排矸场每公顷存矸量为 30 万 t 左右，而山区顺坡堆放的山谷排矸场每公顷存矸量一般为 45 万～90 万 t，最多为 225 万～300 万 t。根据单位面积存矸量和矸石量，可以估算矸石占地面积。

废弃物在露天堆放的情况下，受到日晒、风吹和雨淋，会发生物理的剥蚀作用和化学风化，废弃物中的有毒重金属会通过雨水、扬尘等渗入周围土地，并沉积在表面，从而产生更严重的土壤污染。一些重金属污染还能沿着食物链最终进入人体，危害人类健康。

二、矿区土壤污染

石油和天然气等资源开发对土壤的污染主要表现在采前、采中和采后的过程中。在石油钻井时，钻井液处理剂种类较多，其中包含了有机聚合物、油类等物质。在钻井过程中和完井后，这些物质会以各种方式进入土壤中，会对土壤产生不同程度的污染。虽然钻井废液会进行回收，但仍有很多会进入土壤中。这些废液中的重金属成分、无机盐、有机聚合物、油类等会对土壤产生很大影响。例如，其中一些重金属为致癌物质；有机聚合物会增加废液的化学耗氧量。许多废液中包含的有害物质都远远超过了国家规定的排放标准。

钻井过程中废钻井液和废岩屑中均含油，这会造成土壤污染。虽然发生钻井井喷的概率很低，但一旦发生就会有大面积的原油洒落地面，对土壤、水环境造成严重污染。原油及成品油中的高分子石油和环芳烃组合，进入土壤后会在植物根部形成一种黏膜，影响植物根系系统呼吸和养分吸收，导致植物根系腐烂。

在油气田开采过程中，由井喷、泄露等落地的原油会对土壤造成污染。在自然条件下，原油洒落或外泄到地面后经过风吹日晒，会呈现出片状的黑色块状油污，很难清理。原油属于高分子化合物，落到地面后迁移能力较弱，较难下渗。石油开采后，冶炼后的废油也会对土壤造成污染。一些由采油钻井损坏泄漏的废油在土壤中扩散，会让土壤质量急剧下降。

三、露天矿边坡失稳破坏

露天矿边坡失稳破坏问题是露天采矿的主要环境问题之一。在露天矿设计中，首要的问题是确定合理的边坡角。边坡角越小，剥采比越大。增加大型露天矿边坡角，可减少剥岩量几千万吨，节省投资。但是，露天矿边坡角如果设计过陡，边坡就容易被破坏。随着挖矿的深度不断加大，边坡规模也不断扩大，破坏了自然平衡，造成人工边坡破坏、变形和滑移等。

露天矿边坡破坏主要包括两种，即具有明显滑动的边坡失稳破坏和蠕变坍塌变形破坏。控制露天矿边坡稳定性的因素主要是边坡岩土体中软弱结构面的发育程度及其组合关系。

尾矿坝、废石堆等如果设置不合理，就可能出现泥石流、滑坡等事故，造成更大范围的土地破坏及人的生命财产损失。尤其是一些小型采矿场，多在河床、铁路和公路的两侧开采矿石，乱堆乱放，常将矸石甚至矿石堆放在路边，遇到暴雨就会导致水土流失，容易发生泥石流、滑坡等危害，从而将矸石、尾矿等冲入河流，会造成河塘淤塞，水库不能排泄洪水，严重时会冲毁公路、铁路，造成交通中断。

矿山边坡稳定问题受到多种因素的影响，如地质构造、地下径流、地表水渗漏、软弱层等自然因素及人为采矿等人为因素。边坡失稳破坏问题应主要以预防为主，综合整治。

在采矿过程中，应该及时排除地表水，深降强排地下水，减少爆破次数，降低爆破强度，根据岩体合理确定边坡角，及时修整边坡轮廓。大型采矿边坡，还应该采取建造抗滑挡土墙等措施。

四、水土流失、沙漠化问题

土地沙漠化是受自然因素和人为因素综合作用产生的。我国矿区的土地沙漠化主要分为两种，即西北干旱、半干旱煤矿山沙漠化及油田沙漠化问题。矿区土地沙漠化的自然因素包括地形地貌、土壤类型、降雨量、水位、风力等；人为因素包括矿产开发面积、植被覆盖面积等。

水土流失主要分为风力侵蚀与水力侵蚀两种。影响风力侵蚀的主要因素包括地形地貌、土地利用类型、土地抗蚀能力、矿产开发面积、植被覆盖面积、水土保持水平、风力等。影响水力侵蚀的主要因素包括地形地貌、土地利用类型、土地抗蚀能力、土地坡度、沟壑密度、矿产开发面积、植物覆盖面积、水土保持水平、暴雨强度等。黄土丘陵地区水土流失比较严重，该区域的沟壑密度大，沟道坡度一般在10%以上，最大超过20%，黄土结构空隙大、土地疏松、强度低、遇水易崩解、易风化破碎等，再加上人类的不合理开采，更加剧了水土流失。

五、矿区地面变形与地裂缝

（一）开采沉陷

开采沉陷会破坏生态环境，损坏地表建筑物、破坏耕地，给工农业生产带来严重危害，从而产生非常突出的社会经济矛盾。更为严重的是，开采沉陷不仅表现为近期的经济损失，由此引发的地质作用和地貌改造所造成的环境问题会产生深远影响。

开采沉陷已成为环境工程学和环境岩土工程学中的重要研究课题。例如，福建李坊矿区的地下开采已经导致采空区塌陷，矿区内部地质构造复杂，断裂褶曲十分发育，井下围岩多为变质砂岩，稳定性差，随着地下开采的深度不断增加，开采沉陷面积逐年增多，尤其在雨季，地表水流通过塌陷坑进入井下巷道，流量大、流速快，是井下的一大隐患。

（二）地裂缝

由大型煤矿开采引发的地裂缝规模较大，裂缝宽、延伸长，通常被称为巨型或大型地裂缝。由中小型煤矿开采引发的地裂缝规模较少，地表分布不明显，尤其是小型煤矿开采，在地表上会出现串珠状小陷坑，从地面上看裂缝并没有完全贯通，通常被称为中小型地裂缝。丘陵山区的金属、非金属矿山不合理开发很容易引起地面裂缝或山体开裂现象。

在地表下沉盆地的外边缘区容易产生地裂缝，这是由于地表下沉导致的拉伸变形。地表裂缝通常平行于采空区的边界发展，其宽度和深度与有无第四纪松散层及其厚度性质和变形值大小密切相关。地表裂缝会造成水土流失，影响工农业生产。当地裂缝大到一定程度时，还会出现台阶或堑沟，对地表产生更大影响。

（三）地面岩溶塌陷

覆盖型岩溶表面一般多分布有岩溶空间，加上地下水的不断溶蚀，就形成了不同规模的，被水或部分松散物充填的、排水前相对平衡稳定的隐含空隙。在这些区域的采矿过程中，一般需要预先疏干排水。对于影响矿产安全生产的岩溶充水含水层，要将其地下水位疏降到安全开采标准之下，消除水患威胁，以保证矿井安全生产。但是岩溶充水含水层地下水位下降，会加大覆盖型岩溶地区上覆的松散含水层与其岩溶充水含水层的地下水位差，松散含水层地下水将补给下伏低压的岩溶含水层，同时松散含水层中的一些细颗粒物质也会被运移到下伏含水层的隐含空隙中。长此以往，随着这种潜蚀作用不断增强，隐含空隙将逐渐向地面发育。当空隙发育到地表时，就产生了地面岩溶塌陷。这就是地面岩溶塌陷机理的潜蚀说。

（四）地面沉降

地面沉降是我国平原区的主要地质环境问题之一，从地域上看其主要分布的地区为：沿海河流三角洲地区，如上海、苏州、无锡、常州；广大平原地区，如松辽、黄淮海平原；环渤海地区，如天津、沧州等地；东南沿海平原与台湾地区沿海平原，如宁波、湛江、台北等地；河谷平原和山间盆地，如西安、太原等地。

根据力学平衡原理，在液相或气相矿产资源开采过程中，由于压力不断降低，赋存液相或气相矿产资源的多孔介质有效应力必然增加，让地层压缩，造成地应力重新分布，产生地面沉降。

地面沉降与深层地下水的超量开采关系密切。只要地下水位以下存在可压缩地层，由于孔隙水压力降低，即对上覆地层的浮托力降低，砂层的有效应力增加，孔隙度降低，砂层受到压密作用，就会发生地面变形。由于砂砾类岩土基本上呈弹性变形，等孔隙水压力恢复后，砂层就能恢复原状。黏性土以塑性变形为主。如果同样的压密发生在黏性土层中，由于黏土释水压密时，其结构就发生了不可逆转的变化，即使孔隙水压力恢复，黏性土仍然会保持其压密状态。这就是在地面沉降城市中采取人工回灌后仍然存在少量回弹的原因。

第三节 采矿对矿区居民权益的影响

一、对矿区居民健康权、生命权的侵害

和谐的生态环境是人们生活的基本物质条件，在农业中，农林牧副渔都涉及一个环境资源开发利用的权利，非法开发资源不但侵害人们的财产权，而且侵害人们的健康权和生命权。

我国近年加大了治理"三废"的力度，但在资源非法开发中产生的"三废"对矿区居民健康权、生命权的侵害并未减少。

有关部门在全国 7 个省 12 个地区，对 10 个乡镇 86 万人进行了为期 3 年的污染与健康状况调查，结果表明：由于乡镇工业的污染，受污染地区居民比对照地区（环境较清洁地区）居民的急性病发病率增加了 1.6 倍，慢性病患病率增加了 0.7 倍，每 10 万人中约死亡 98 人，男性平均期望寿命下降 2.66 岁，女性平均期望寿命下降 1.56 岁，污染使女性妊娠异常率增加了 5.97 倍。在我国农村有 3 亿多人口饮用不合格的水，其中有 1.9 亿人饮用的水中有害物质含量超标，一些矿业地区的饮用水存在高氟、高砷、苦咸等水质问题。目前，我国农村饮用含氟量超标的水的人口有 6300 多万，农村饮用苦咸水的人口有 3800 多万。

在对矿业的非法开发中，经常会出现因为挖洞采矿、炸山采石、削坡修路、筑堤拦坝致使地应力失衡，周围生态环境遭到破坏，森林植被等原有覆盖物被破坏的情况。河道里若有砂石、砂土成丘状堆积，不仅堵塞河道、垫高河床，更是大大降低了河道的泄洪能力。当汛期来临时，会使泥石流、滑坡、地裂、洪灾等灾害接连发生，由此给当地农民的生命财产安全带来损失和隐患。

资源非法开发中产生的冲击噪声也对当地居民的生活带来了很大的危害。对矿产资源进行爆破所产生的冲击波能够达到 3～4 级地震的威力。矿石在粉碎磨矿的过程中会产生巨大的噪声，特别是对非金属矿产品进行加工时噪声更为明显。

二、对矿区居民环境权的侵害

环境权通常应当包括四项权利，即环境知情权、环境使用权、环境参与权、环境请求权。放眼全国，非法开发资源对当地居民此四项环境权的侵害随处可见。尤其生存压力越大的地区，矿区居民的环境权越是承受着巨大的威胁。

（一）对矿区居民环境知情权的侵害

环境知情权是另外三项环境权得以行使的前提，矿区居民实现知情权后才有可能保护其他环境权利。当今我国矿区居民对环境信息重视程度较弱，所知甚少，对自己环境权益在非法开发资源中被侵害的情况更多处于一种漠视的状态。以广东省为例，该省矿区居民对当地环境状况的了解，占第一位的竟是"自己的感觉"，第二位是"媒体报纸"，第三位的是"听别人说"，第四位是"政府告诉"，第五位是"村委会通知"，这说明目前各地矿区居民获得准确环境信息的途径极少。此外，从实际出发，矿区居民若想向政府了解环境质量状况，往往也不能实现。且不说当地政府对本辖区内的环境状况是否知情，即便知情也多用模糊词汇给予答复，甚至置之不理。矿区居民的环境知情权多半停留在文字上面。

（二）对矿区居民环境使用权的侵害

对矿区居民的环境使用权益的侵害大多数集中在对土地资源开发利用上。矿区居民除了经常遇到违法征地、野蛮开发、工业污染土壤等侵害外，还会遇到由非法开发所带来的如土地资源、森林资源破坏，土地荒漠化加剧，水土流失严重，自然灾害频率加大等直接或间接的侵害。

在非法开发资源的过程中，普遍存在企业将自己造成的环境污染责任转嫁给矿区居民的情况，一些会对环境造成大量侵害的企业在被城市清理后转移到农村地区，地方政府对企业给矿区居民环境使用权所带来的侵害并不重视，甚至多半视为招商机遇给予方便。由此给土壤、水源等资源环境带来诸多污染。

（三）对矿区居民环境参与权的侵害

矿区居民的环境参与权体现在相关环境决策过程中。现实中一些地方政府工作开展仅以 GDP 为核心，放任甚至支持某些对资源非法开发的行为，忽视矿区居民在资源开发中的环境参与权利，未将矿区居民的意见体现在决策中，而是侧重于事后的监督。由此加大了引发群体性事件的可能性，矿区居民的环境参与权在有些时候被无形的弱化。

（四）对矿区居民环境请求权的侵害

由于我国的相关体制不完善，近年来因环境问题引发的群体性事件以年均29% 的速度递增，已成为引发社会矛盾、影响社会经济乃至政治稳定的重大问题。在这些群体性事件背后，我们能够发现矿区居民之所以以如此激烈的方式进行维权，其本身是有某种不得以性质的。很多的时候，地方政府从发展经济需要的角度出发，站在企业一边，或者割裂矿区居民因此受害的因果联系。矿区居民环境请求权无法彰显，使他们在环境权益的分配、保障及实现方面处于弱势地位。

第三章　矿区废弃地形成、特点与危害

　　我国是煤矿开采的大国，在我国众多矿区城市中，伴随着矿产资源开发及矿产资源消耗，产生了大量的矿区工业废弃地。由于矿区废弃地带来了大量土地的占用、沉陷等生态环境问题，它现在已成为城市经济衰退和环境污染的象征。本章将对矿区废弃地的形成、特点与危害等方面进行详细的介绍。本章分为矿区废弃地的形成与特点、矿区废弃地的危害、我国矿区废弃地的现状三部分。

第一节　矿区废弃地的形成与特点

一、矿区废弃地的形成

（一）排土场的形成

　　排土场是完成采矿作业后，集中堆放采矿排弃物的场所。一般露天采矿作业主要分为两种方式：一种是露天开采，主要针对的是距离地表较近的煤炭矿床；另一种是剥离采煤作业，主要针对的是距离地表较近的水平矿床。无论是露天开采还是剥离采煤作业，都是主要针对距离地表几十米或几百米的矿床而进行的。

　　以上两种采煤方法都属于露天采矿法。必须在采矿作业前将矿床外层覆盖的表土和岩石排出矿坑，只有当开采地下 10 ～ 30m 深，矿床倾斜角为 8° 的矿物时，才把剥离的岩土放于坑内。多数情况下排出矿坑的岩土会用大型运输设备运到距矿坑一定距离的场地上，形成排土场。日积月累，排出的表土自然会形成"人造山"，会高出地面几十米或百米以上。"人造山"的坡度一般为岩土的滚落角度（30° ～ 40°），其岩土构成为当地熟土层的表层土及以下的岩砾。

露天采矿法对土地的破坏力较大，据统计，每开采 1 万 t 矿物，需要挖掘土地的面积约为 0.11hm²，每开采 1 万 t 矿物，需要排土场压平土地的面积约为 0.16hm²。这些年我国仅通过露天采煤就占用了土地 4.5 万 hm²。

（二）塌陷地的形成

塌陷地一般产生于井巷开采煤炭作业中。矿井煤炭资源开采完毕后，会形成大量采空区，当撤去支持设施，没有填充好的空巷往往会顶板冒落，使岩层移动造成地面沉降，这样就产生了塌陷区。

依照开采倾斜角度的不同，塌陷区的形态有峡谷状沉陷或漏斗状沉陷、台阶式沉陷、碗状或环状沉陷、盆形沉陷四种。

此外，根据塌陷区的大小，塌陷区还可分小面积塌陷区和大面积塌陷区。二者之间的不同点是前者经常发生于小型煤矿的采区，后者则多发生于大中型煤矿采煤区。塌陷区的最大深度约为煤层开采厚度的 0.8 倍，塌陷面积约为开采面积的 1.2 倍，只有当采空区的长度和宽度都达到开采深度的 1 ～ 4 倍时才能出现塌陷的状况。

据不完全统计，煤矿平均每开采万吨煤地表就塌陷 0.2hm²，据此推算我国煤炭地下开采历年塌陷土地总量是 66 万 hm²，并以每年 2 万 hm² 的速度递增。据中国地质大学刘海清等人的研究，万吨煤炭塌陷率可由如下公式计算得出

$$d = \frac{15 \times n \times \cos\alpha}{K \times M \times r}$$

在上述公式中，d 代表万吨煤的塌陷率；n 是影响系数（范围取 1.1 ～ 1.3）；K 为水平回采率；M 代表采高（m）；r 代表煤的容重（t/m³）；α 代表煤层的倾斜角度。

将万吨煤塌陷率与煤矿实际开发能力相结合，最后我们能够大致得出煤矿的塌陷面积，人们利用这一数据可以对地表沉陷进行预测。不过，国外对于地表塌陷的长期研究发现，地表塌陷是存在一定规律的。当 $\alpha < 45°$ 时，煤层下沉值就会遵守独立影响和迭加原理，其数据可以通过以下公式进行计算。

$$W(w, y) = W_{max} \iint FT(x-s, y-t)\mathrm{d}s\mathrm{d}t$$

在上述公式中，$W(x, y)$ 为地表点下沉值；W_{max} 为该煤层开采面积足够大时的极限下沉值；$f(x-s, y-t)$ 地表下沉影响函数；F 积分域，它是根据煤

层开采面积确定的新层面积；x，y 地表点的坐标；s，t 地下 F 域内开采单元的坐标。

（三）煤矸石山的形成

煤矸石山的形成主要是由于在煤矿开采过程中，固体废弃物（煤矸石）被不断排出，但并没有得到及时处理，最后堆积成煤矸石山。根据矸石的运输方法不同，矸石山的形状也出现了各种差异，一般可以分为三种，即高原状矸石山、山脊状矸石山和圆锥状矸石山。

一般矸石山高度为几十米到约一百五十米，每座矸石山占地面积约为几十亩至百亩。矸石山的坡度一般为 20° 左右，其坡度自然安息角为 36° ～ 40°。

辽宁工程技术大学的杨伦、于广明等经过大量的实地调查，依照矸石山的排放特点，绘制出已有矸石山的堆积简图（见图 3-1），并依此提出了预测煤矸石的排放量占地面积和空间体积的方法。

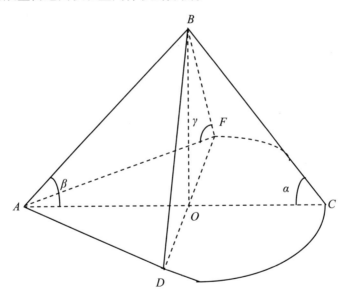

图 3-1 矸石山简化模式

由图 3-1 可计算出占地面积和空间体积。

面积：$A = \dfrac{\overline{AO} \cdot \overline{DF}}{2} + \dfrac{\overline{OC}^2 \cdot \pi}{2}$

$$= H^2 \mathrm{ctg}\alpha(\mathrm{ctg}\beta + \frac{\pi}{2}\mathrm{ctg}\alpha)$$

体积：$V = \dfrac{1}{3}S_{ADF} \cdot \overline{OB} + \dfrac{1}{3}S_{CDF} \cdot \overline{OB}$

$\qquad\quad = \dfrac{H}{3} \cdot A$

$\qquad\quad = \dfrac{H^3}{3}\text{ctg}\alpha(\text{ctg}\beta + \dfrac{\pi}{2}\text{ctg}\alpha)$

在上述公式中，A 为矸石山的占地面积；V 为矸石山所占空间体积；α 为矸石山的安息角（实测为 40°）；B 为矸石山轨道上山倾角（一般取 25°）；H 为矸石山的高度。

对于刚开始开采的矿井，其年排矸量按下式计算。

$$Q = \alpha \cdot W$$

在整个矿井服务期间，总排矸量为

$$Q' = T\alpha W$$

其最终堆积体积和占地面积为

$$V = \dfrac{Q'}{\gamma}; \quad A = \dfrac{3V}{H}$$

在上述公式中，W 为矿井（或选煤厂）生产能力；α 为排矸系数，可由地质资料提供，一般为原煤产量的 15% ~ 20%；T 为矿井服务年限；γ 为矸石比重，可由矸样测出。

以上介绍的是具有一定生产规模的大型煤矿所产生的煤矸石堆弃方式，重点是国有矿山。还有一种是小规模采煤堆弃煤矸石的方式，多为个体经营的小煤窑。他们往往将煤矸石顺着作业平台的边坡丢弃，形成煤矸石的溜坡。如果作业平台面积扩充较大，也在作业平台上无序堆放。这种煤矸石堆弃方式，使煤窑周围的土地全部被煤矸石所覆盖。

井巷采煤生产中所排出的大量煤矸石，曾经一度占据全国工业固体废弃物的首位，相关资料显示，我国现拥有 1500 余座矸石山，堆积量高达 30 亿 t，占用土地 300 ~ 400hm²。东北及内蒙古地区 19 个矿务局矸石山占地面积达 6000m²。山东新汶矿务局，每年采煤千万吨，排矸石约 270 万 t，堆积矸石山 30 座，占地 240hm²。为了提高原煤质量，原煤产出后有的进入选煤场，选煤过程中亦选出煤矸石并送到排矸场地。不过这部分煤矸石占的比重较小。

二、形成矿区废弃地的原因

（一）主导产业衰退

主导产业衰退是人们根据生命周期理论得出的结论，因此我们认为这属于产业发展过程中的正常现象。主导产业衰退的原因比较复杂，具体包括以下加点。

1. 矿产资源枯竭趋势不可逆转

矿产资源属于非可再生资源，它是地壳经过长期演变形成的产物，因此它的储存量在地球上是有限的。而在现代社会中，矿产资源也是社会生产发展的重要物质基础，人们的生活和生产都离不开它。然而，现代社会为了更加快速发展，不断开采矿产资源，造成矿产资源开采过度，生态系统被严重损坏的局面。截至现在，人们仅仅用了两百年的时间就消耗了目前世界矿产资源总储存的一半，矿产资源枯竭的趋势不可逆转。

我国虽然有着数量丰富的矿产资源，但是随着近几年的疯狂开采，这些矿区也都面临着资源枯竭的问题。例如，有着"老虎台矿"之称的抚顺，经有关学者推测其资源最多可采至 2025 年；又如，有着百年采煤历史的阜新，在新中国成立之初就建立了当时亚洲最大的煤矿和火电厂，而现在已经相继关停了14 座煤矿。此外，"世界锑都"冷水江、"钒钛之都"攀枝花、"天南铜都"东川、"石墨之都"鸡西、"油城"大庆等，都由于开发和开采过度，面临着资源危机。其中有些城市的矿产企业已经破产。

2. 矿产资源开发利用效率较低

能否对矿产资源进行合理高效开发，始终是困扰着我国矿产资源利用的重要问题之一。早期的中国矿业行业，技术水平较低、发展更新缓慢、设备设施落后，这些都使得当时矿产资源的开发利用效率较低。而现在这些年虽然我国的煤矿综合开采机械化程度有所提高，但是出于经济发展的需要，一些个体采矿公司为了降低成本，以利润最大化为目标，仍然采用低级过时的开采技术，不仅资源开发利用效率仍然得不到增长，更加重了矿产资源浪费，加速了矿业产业的衰退进程。

除此之外，在我国煤炭生产产业中，由于各种非客观因素限制，非机械化的采煤技术并没有被完全淘汰，开采技术水平受到限制，而矿业企业又主要针对一些易开采的高品位矿，因此可想而知矿产资源的开发利用率并不会有明显提高。

3.体制因素的制约

在我国,体制因素对于各企业生产发展来说起着非常重要的作用,尤其是那些陷入衰退困境的企业,这一因素更是起到了决定性的作用。我国目前的矿业产业体制是以国有大型企业为主体的,企业同时兼有政府和经营两项职能。另外,大型企业还需自我承担各种费用,包括基础设施的建设和维护费用、企业内部员工就医和教育费用、企业正常运转的商业费用等。正是由于矿产企业这一特殊的体制制度,大型企业虽能享有较多的权利和优惠政策,但实际开支巨大,人员过剩,负担过重,企业很难实现自我积累和经营拓展,容易快速进入衰退期。

我国的矿业大企业是直接受中央或省级部门领导的,无论是企业的投资还是经营,盈利还是亏损都可以由国家来承担,因此企业实际上就是在扮演着国家资源工业基地的角色,并没有真正意义上的自主经营权。关于体制因素的制约我们可以从以下几方面来具体分析。

①投资政策方面。国家主要的投资方向偏向于重型矿业产业,在投资政策上优先满足这些产业,但这些产业所需的机械设备都具有流动性差、专用性强、投资量大的特点,企业若想实现生产转型会很艰难。

②财政税收政策方面。税收是一个国家公共财政的主要来源,每年矿产企业向国家缴纳的税款占据了政府总体税款的很大比重,但这也同时反映了矿产企业的税收压力非常巨大。

③矿业产品价格方面。实际上,计划经济体制下的矿业产品价格同经国家调拨后的矿业产品价格相比,差距显著,前者明显要比后者高。但是由于我国的矿产企业是由国家直接掌控的,不具有实际的自主经营权,企业创造的价值被无偿或低价进行转移,很容易造成企业经济亏损,甚至破产。

4.矿业产品需求量降低

随着对传统矿产资源的不断开发以及高新技术的快速发展,现在人们已经找到了大部分能够替代传统资源的新能源和技术,如太阳能、核能、风能、潮汐能及其利用技术等,这些新能源不仅更加高效,也更加的环保,并且它们在能源市场上的需求量也越来越大。尽管这些能源还未对石油、煤炭等传统资源构成显著威胁,但确实是在一定程度上造成了需求冲击,使得传统矿业产品的需求量降低。

(二)工业企业区位转移

工业企业区位转移是产业结构优化升级、土地使用制度改革及城市环境质量优化等共同作用的结果，这是矿业企业在特定发展阶段的现象之一。

1. 产业结构优化升级的作用

产业结构优化升级的作用体现在产业结构的高度化发展方面。产业结构既包括整体结构也包括内部结构。整体的产业结构共分为三种：第一产业、第二产业和第三产业，其发展趋势为由第一产业逐渐向第二产业和第三产业转移。工业内部结构包括低技术、低附加值，高技术、高附加值两种，其发展趋势表现为由低技术、低附加值占优势比重向高技术、高附加值占优势比重的方向演进。

工业企业区位转移离不开产业结构优化升级的作用，下面将以西方国家与我国城市空间的结构演变为例，具体分析产业结构的优化升级。

（1）西方国家产业结构演变

西方国家城市空间的结构大致经历了三个时期：前工业化时期、工业化时期以及后工业计划时期。

首先，在前工业化时期，西方国家产业结构以第一产业为主，第二和第三产业还未形成。这一时期，国家的生产水平普遍较低，城市空间结构也因地理条件限制而演变得相对缓慢。

然后，就是工业化时期。若将工业化时期细分，还可将其分为工业化发展初期、工业化发展成熟期及工业化发展后期三个阶段。其中，在工业化的发展初期，第二产业开始迅速发展，其工业类型为劳动力密集型。但是由于受到当时客观交通环境的限制，城市空间还较为混乱，无法进行合理拓展。当进入工业化发展的成熟期时，第二产业仍占据着主导地位。在这一时期，城市产业结构出现了明显的优化升级，工业类型逐渐从劳动密集型向资本技术密集型转变，并且以商业、金融业、服务业为代表的第三产业也开始向城市中心聚拢。但由于第三产业发展势头较猛，它与第二产业共同针对城市中心的优势区位进行竞争，在竞争过程中第二产业的弱点逐渐凸显，限制了其自身的发展，因此工业企业开始向着城市郊区转移。经过一段时间的产业发展，在工业化发展后期阶段，工业企业向郊区转移成了又一大发展趋势。这是由于人们开始逐渐意识到工业企业对城市环境造成了严重的负面影响。工业企业所带来的环境污染给人们敲响了警钟，为了消除这一负面影响，大批的工业企业开始向郊区转移，最终形成了郊区工业带，而城市中心区的功能则开始由工业生产和低层次服务向信息处理和高级服务过渡。

最后，就是后工业化时期。第三产业经过工业化时期的发展，开始逐渐代替了第二产业的位置，在城市经济活动中占据了主导地位。在这一时期，无论是生产力水平还是技术发展都较之前有了明显进步，城市经济增长迅速，为其向网络化城市空间结构发展奠定了基础。

（2）我国产业结构演变

自新中国成立以来，我国产业结构的演变大致可分为以下四个时期。

①以重工业为主的产业结构时期（1949—1978年）。新中国成立后，面对我国重工业极为稀缺的现状，为迅速摆脱积贫积弱的落后面貌，我国选择了优先发展重工业的工业化道路。通过二十年的艰苦奋斗，我国建立了四十多个工业门类，形成了较为独立完整的工业体系。从1949年到1978年，我国工农业总产值平均年增长率为8.2%，第一、第二、第三产业占国民经济的比重由68∶13∶19调整为28∶48∶24，工业超过农业成为国民经济的主导产业。不过，重工业优先发展战略也导致了产业结构明显偏"重"。1952年，工业内部轻工业和重工业的比值关系为67.5∶32.5，1978年调整为57.3∶42.7。这种在轻工业没有充分发展起来时，过早发展重工业的战略，导致重工业在经济中的占比远高于发达国家同期水平，背离了全球产业结构演变的一般规律。在这一时期，我国的产业结构变化为：第二产业超过第一产业成为国民经济的主导产业，第三产业缓慢发展，但并未成熟。

②以轻工业为主的产业结构"纠偏"时期（1979—2000年）。改革开放为我国的经济发展注入了新的活力，我国的产业结构出现了鲜明的消费主导特征。这一时期，随着经济建设的全面展开，我国产业结构的失衡状况也得到了矫正，对失衡的产业结构进行"纠偏"成为这个时期经济发展的重点任务。具体如下。

一是调整积累和消费的关系。针对过去强调积累、抑制消费带来的消费不足问题，政府以解决温饱为重点，着力提高城乡居民收入，增强消费对经济增长的拉动，这就导致这个时期的产业结构具有鲜明的消费主导特征。1979年到2000年，消费对经济增长的贡献一直保持60%以上。

二是调整工农关系。针对以农补工带来的农业发展滞后问题，政府实行了农业联产承包责任制，提高了农产品收购价格，大力解放了农业生产力，乡村企业异军突起，农业农村经济快速发展并释放了大量农村剩余劳动力，有力支持了非农产业发展，推动产业结构优化升级。1978年到2000年，第一、第二、第三产业占国民经济的比重由28∶48∶24，调整为14.7∶45.5∶39.8，由"二一三"型结构变为"二三一"型。

三是调整工业内部重轻关系。针对工业内部结构"偏重"问题，实行了以"五优先"为主要内容的轻工业倾斜发展战略，轻工业增长速度明显加快，长期存在的轻工业落后于重工业的态势得到改善。1978 年到 2000 年，我国轻工业产值占全部工业的比重由 42.7% 上升到 50.3%，提高了 7.6 个百分点。这个时期的产业结构呈现明显的优化升级特征，轻重工业结构失衡状况得到矫正，轻工业从以食品、纺织等满足温饱型消费品工业为主向以家电、汽车等耐用消费品为主转变，重工业从采掘工业、原料工业向加工程度较高的重制造工业转变。在这一时期，我国的产业结构变化为第一产业比重下降，第二产业稳定发展，第三产业开始崛起并迅速发展。

③重化工业重回主导地位的产业结构时期（2001—2012 年）。由于前一时期对我国产业结构的"纠偏"，步入新世纪的中国在轻工业得到一定发展后，我国产业结构演变又回归到正常的轨道。2001 年到 2010 年，我国重工业占工业总产值的比重由 51.3% 提高到 71.4%，十年间提高了 20 多个百分点。在占比持续提高的同时，重化工业内部结构也得到优化升级，表现为以原材料工业、电子信息制造业、汽车工业为代表的装备制造业发展明显加快。2003 年到 2009 年，原材料工业产值占工业总产值的比重由 25.2% 提高到 31.2%，机械设备制造业比重由 14.6% 提高到 14.8%。以下五大因素推动了这个时期重化工业快速发展。

一是 1998 年底全面铺开的城镇住房制度市场化改革，推动房地产市场进入黄金发展期，拉动钢铁、铝材、水泥等原材料工业迅猛发展。

二是应对亚洲金融危机的经济扩张政策刺激了与基建相关的机械、原材料等工业快速发展。

三是 2001 年加入 WTO 加速了我国经济全球化进程，我国产业融入全球供应链，使制约我国产业发展的技术、人才、资金、市场等问题得以缓解，包括重化工业在内的产业得到了快速发展。

四是 2003 年十六届三中全会通过的《完善社会主义市场经济体制若干问题的决定》，消除了制约各类所有经济发展的体制性障碍，为产业特别是民营经济发展注入了活力。

五是城镇居民生活水平提高推动了消费结构升级，使市场消费热点由过去的以吃穿用为主切换到以通信、出行和居住为主，拉动电子信息、汽车等产业快速发展。在这一时期，我国经济快速发展，制造业增加值占比更是位居世界第一，发展前景一片良好。

④服务业领跑的产业结构时期（2013 年至今）。2013 年前后，我国经济进入新常态，"三期叠加"特征明显，产业发展条件和环境发生了深刻变化。在新发展理念的指导和供给侧结构性改革的作用下，我国产业结构升级取得了

明显进展，创新驱动、引领服务、制造升级的产业结构正在形成，第三产业更是首次超过第二产业成为国民经济的最大产业部门，各产业结构呈继续优化态势。

2. 我国土地使用制度演化的影响

中华人民共和国成立以后，我国的土地使用制度产生了较大变化。从最初的国有与私有并存、土地市场开放、国有土地有偿使用到调整后的国有土地由当地政府无偿划拨，再到改革后的出让国有土地使用权，实现矿业城市工业用地置换，这一系列的变化都对我国工业企业区位产生了较大的影响，其中国有土地无偿划拨阶段和实现工业用地置换阶段影响最为深远，下面就对其进行详细阐述。

（1）国有土地无偿划拨阶段

这一阶段，国家对土地使用制度进行了调整，规定国有单位使用国有土地由当地政府无偿划拨，无须缴纳租金。这一规定虽然在一定程度上避免了工业企业破产，但却违背了土地配置的价值规律，使得城市中心的优势区位地段得不到更好利用，造成了土地资源浪费。

（2）实现工业用地置换阶段

在这一阶段，国家决定让深圳率先成为国有土地使用制度的改革试点，通过拍卖、招标等方式出让国有土地的使用权，并出台了一系列的土地使用权的管理规定。这些做法充分表明了我国土地使用制度改革的决心，我国要以更加法制化和制度化的做法对土地使用进行管理。新土地使用制度加快了工业企业向郊区迁移的进程，并为工业在郊区新址的重建提出了更好的保护措施，真正实现了土地资源的优化配置。

3. 城市环境质量优化的推动意义

工业化的发展历程表明，工业生产给城市环境造成了巨大的负效应，主要表现在以下三个方面。

（1）城市环境质量下降

由于工业生产会向大气、水体、土壤中排放大量污染物质，对生态环境造成了极大破坏，使城市环境质量不断下降，这既干扰了城市居民的生活也危害居民的身体健康。

（2）城市交通压力巨大

在工业生产过程中，势必会有各种重型设备作为生产或运输的工具，但是这些重型设备却极易对城市道路造成破坏，在对工业材料的运输过程中也会影响城市的交通。

（3）资源能源消耗巨大

工业生产需要消耗大量的资源和能源，但资源和能源在地球上的储量是十分有限的，如果过度地消耗资源能源，就会使城市的资源能源供应出现问题，影响居民的生产和生活。

由此可知，工业企业若长期位于城市中心城区，并不利于城市环境质量优化，只有将工业企业向郊区转移，才能减轻城市的环境负担。这样不仅能最大限度实现土地的利用价值，提高土地利用率，还能缓解各种城市压力，解决部分城市环境问题。

（三）沿用不当的资源生产技术方法

沿用不当的资源生产技术方法也是造成地表破坏的原因之一，如工业废弃物堆场、采掘沉陷区等都是使用这些技术方法造成的。以下将针对矿石资源和油气资源的开采技术方法进行介绍。

1. 矿石资源开采

（1）地下开采

地下开采主要针对的是埋藏较深、厚度较薄的矿层。其步骤为：找到矿石资源的大概位置后，先从地面向地下打井，到达矿层后再横向拓展开采巷道，最终形成一条连接地面和地下的开采运输通道。当地下矿石被开采后，地下岩层就会形成一个空腔结构，即采空区。采空区极易发生塌陷，塌陷后地面则会下沉变成盆地。而其他未塌陷岩体的状态也发生了变化，引起应力的重新分布，使得岩体产生变形和移动，直至达到新的平衡。井下开采范围和强度越大，采矿沉陷区的面积越大。

（2）露天开采

露天开采法主要针对的是埋藏较浅、厚度较大的有用矿物表土层。其步骤为：先将表土层表面的岩层剥离掉，露出矿石，再在一个空间较大的场地（采矿场）利用开采设备进行作业。一般来说，露天矿可分为两种。一种是位于地表最低水平以上的矿体——山坡露天矿，另一种是位于地表最低水平以下的矿体——凹陷露天矿。

露天开采技术是基于现代的生产技术发展起来的，因此出现时间较晚，但是相对地下开采来说，其更适合使用大型开采设备，并且还具有工期短、效率高及成本低的特点，当条件适宜时应优先考虑使用。但是，露天开采是直接对地表和上覆岩层进行挖掘的，因此它所造成的伤害也极大，通常露天开采对土地其生态系统的打击是毁灭性的。

2. 油气资源开采

油气资源开采通常有两种开采方式，即液压开采和气压开采。这两种方式的原理都是利用高压作用，推动矿物质移动，使其从矿层流向井底。液压和气压开采所产生的副作用较大，其中最明显的就是它破坏了地层结构，加快地层形变，造成地层隆起、地层沉降、地层冒水等问题，将正常土地变成了废弃地。

三、产生矿区废弃地的理论基础

（一）生命周期理论

生命周期指的是一个对象从形成到死亡这一演变过程中所经历的时间，通常可分为四个阶段，即发展期、成长期、成熟期、衰退期。生命周期理论阐述了世间万物不断发展变化的过程，给产业的发展提供了科学的规律解释。此外，根据衰退的原因，衰退可分为四种类型：资源型衰退、效率型衰退、收入低弹性衰退、聚集过渡型衰退。

（二）开采沉陷理论

在对矿区进行地下开采的过程中，由于岩体的原有平衡受到破坏，使得岩体内部出现变形和断裂，波及地表，最终形成采空区。采空区极易发生塌陷，其塌陷后就会下沉变成盆地。而其他未塌陷岩体的状态也发生了变化，引起应力的重新分布，使得岩体产生变形和移动，直至达到新的平衡。而开采沉陷这一过程也会随着采矿活动不断重复。

地下矿层实施开采后所形成的采空区，其直接顶板具有极端的不稳定性，它会在自身重力及上覆岩层重力的作用下不断向下移动并弯曲，当超过其内部应力临界值时，顶板就会产生断裂和破碎，最终垮落下来。受到采空区直接顶板的影响，采空区周围的基本顶岩层也会沿层面法线的方向进行移动和弯曲，进而产生断裂和离层。事实上，受采动影响的岩层范围是逐渐变化的，它会随着开采工作的不断推进而逐渐扩大，当达到一定的范围，采动影响波及地表，就会在地表出形成一个范围更大的下沉盆地。

在岩层移动中，开采空间周围岩层产生弯曲、岩层垮落、片帮（即煤被挤出）、岩层沿层面滑移、垮落岩石下滑（或滚动）和底板岩层隆起等移动形式。

这些移动形式并非一定同时出现在某一个具体的岩层移动过程中，当移动变形超过岩体的极限变形时，岩体被破坏。由于岩体破坏后其导水性能提高，对水体下采矿至关重要，所以将底板以下岩体分为三带，即底板采动导水破坏带、底板阻水带和底板承压水导升带。

（三）土壤退化理论

土壤退化是指土壤在各种人为因素的影响下，其生产能力、利用能力及调控能力不断下降，最终完全丧失土壤质量。土壤退化理论是土壤退化的核心部分。土壤退化的本质表现为土壤资源的数量减少和质量降低，它是由自然因素和人为因素共同作用造成的。但事实上，人为因素才是加剧土壤退化的根本原因。不当的人为活动除了使得大量的土地被占用，还造成了一系列的污染行为，让生态环境变得更加恶劣。

土壤退化的终极形式是土壤荒漠化，如果土壤最终退化了到这一阶段，这就代表土壤中所有的微生物都已灭绝，失去了所有的自我调控能力。导致土壤退化的原因既复杂也多样，虽然有些的确是由自然环境造成的，但更多的还是由于人类没有合理利用土地，导致土地活力丧失，再加上自然作用，最终使土壤退化。

（四）区位论

区位的含义有多种解释，它既代表了做某事时所规划的地区范围，也代表了完成某项任务或活动的某种计划和设计。总之，区位与人类活动之间存在着密切的关系。人类在地理空间上做的每一个行为都可被视为一次区位选择活动，因此我们也可以说区位活动代表着人们生活工作的最低要求，是人们产生行为活动的首要概念。

四、矿区废弃地的特点

矿区废弃地是人们经过矿产开采后，未及时对矿区采取处理和治理措施，最后由各种工业废弃物堆积而成的地区，这是人为造成的，非自然所为。因此，它们有别于自然而成的山体与盆地，有着独特的特点。

（一）同城市距离较近

矿区废弃地处于矿区区域，而大部分的矿区距离城市较近，我国有一百多个矿务局和大型矿物区位于或毗邻城市。此外，有些矿区即便不靠近城市，也会自成小社区，社区内有着成千上万的居民，废弃地的危害会直接影响到城镇居民的生活。

（二）影响社会经济

矿区废弃地所造成的危害会给矿区内的工、农、林、牧、渔等产业的发展带来一定的负面影响，造成经济损失。此外，塌陷还毁坏了工业地面建筑和设施，毁坏了农业、牧业的土地，并且废弃地的污染还影响了农、林、牧、渔的生物成活率，这些都阻碍了社会经济的发展。

（三）地形特殊

矿区废弃地多在海拔较低的平原、丘陵或中山以下地带，并且它的形成高差有一定的限度，通常盆地深度在 10m 左右，排土场、矸石场的最高高度在 150～200m。

（四）占地面积大

矿区废弃地所占面积极大，少则几十公顷，多则几百公顷，甚至上千公顷，若废弃地塌陷，则塌陷面积通常为开采面积的 1.2 倍。

（五）形成时间长，影响范围广

矿区废弃地的形成时间短则十几年，长则几十年甚至百年以上。并且它几乎扰动了大气圈、土壤圈、岩石圈、水圈、生物圈等所有环境要素。

（六）物理结构不良

矿区废弃地的物理结构不良表现：土地基质极端，或为过于坚实，或为过于疏松。造成这种不良物理结构的原因有两方面，其一为采矿后留下的矿渣或土石受到大型采矿设备的重压，使得土地基质更为坚硬；其二则是矿区废弃物经过长时间的风化和腐蚀，使得土地的原始结构被破坏，最后变得疏松。

（七）极端 pH 值

废弃矿区通常残存着各种类型的金属硫化物，而硫化物经过氧化作用可生成硫酸，硫酸呈强酸性，会破坏土壤微生物环境，影响土壤酶的活性，阻碍植物对矿物盐和水的吸收，对土地的伤害极大。除此之外，强酸还会对植物造成强烈的直接伤害，阻碍根的呼吸作用，抑制植物生长，引发植物枯萎等。

第二节 矿区废弃地的危害

一、对生态环境的影响

（一）占用大量的土地资源

1. 废弃物压占土地

矿产资源开发必定会占用土地，通常采矿所需的土地面积要比采矿场面积大五倍甚至更多，因此当矿区变成废弃地后，废弃物的堆积和压占会导致原来具有一定生产力的土地被占用，浪费了大量的土地资源。

2. 挖损地

挖损地是由于在露天采矿时，人们将矿层上的覆盖物完全搬离，然后再进行开采而形成的。这一种采矿形式给土地造成了最直接的破坏，并且其破坏程度是毁灭性的，地表植物和土层一旦经挖损，是不能被恢复的。

（二）污染自然环境，造成生态失调

1. 恶化矿区气候

煤矿废弃地的破坏植被使矿区小气候发生了改变，并且气温升高，降水减少，气候干旱，自然灾害增多（主要是旱灾、水灾、风灾、雹灾等）。风灾引起风蚀，刮走土壤表层土，破坏土壤，吹起排土场和矸石山的粉尘，引起大气污染。

2. 形成大气污染

矿区大气污染主要来自矿井排风、瓦斯排放、煤炭燃烧和矸石自燃。据预测，未来三十年，由燃煤产生的二氧化硫、二氧化碳将是现在年排放量的1.5倍。在所有工业废气排放量中，煤炭采选行业所占比重为整体的5.17%，是大气污染的主要来源之一。在废气矿区中，形成大气污染的因素还包括尾矿的风扬、重金属在大气中的沉降等。在一些降雨量较少的地区，尾矿的风扬是污染环境的主要因素。由于尾矿中富含大量的重金属元素，因此尾矿的风扬不仅会造成大气污染，对于水体和土地也同样具有破坏的作用。

3. 造成水体污染

矿区开采对于煤系地层及上覆松散岩石层的结构有着很大的负面作用，其表现之一就是增大了地下的裂缝。在废弃矿区中，储藏在矿区地层中的水资源会顺着裂缝不断渗透，最终形成区域性地下水位下降，也使得矿区废弃物污染了中层和浅层的地下水。矿区中层和浅层的地下水是工业和居民日常用水的主要来源，一旦这些地下水受到污染就会影响当地的工业生产和居民生活，造成用水困难。

除此之外，废弃矿区的废水中还包含着各种被污染的废水，这些废水未经达标处理就被排放出去，不仅造成了地表水体的污染，也影响了地下水的水质。煤矿井下水、生活污水及雨季煤炭、煤矸石淋滤下渗水都会污染水环境。

我国各种矿井水的特点：①煤矿矿井水中通常含有高悬浮物，这些悬浮物的含量在 1000mg/L，化学耗氧量小于 100mg/L，水体颜色为黑色，基本不含有毒有害离子；②酸性矿井水的 pH 值范围为 2～5，含铁量为 1.5～1.8mg/L，硫酸盐含量为 95～4000mg/L。酸性矿井水中往往伴有高硬度和高矿化的工业废水；③高矿化废水的硬度较高，硬化度大于 1000mg/L，总硬度大于 900mg/L。④高氟矿井水中氟含量大于 1mg/L；⑤煤炭洗选的废污水，其中含有大量悬浮物和部分有毒有害元素。

4. 造成土壤污染

煤矿的固体废弃物主要是煤矸石，其次为露天矿剥离物、煤泥、粉煤灰和生活垃圾等。此外，矿区重金属含量也相对较高，当矿区被废弃后，人们对于重金属的处理和整治也必定存在松懈，容易造成土壤重金属污染。

暴露于废弃矿区中的重金属含量较高的废弃物，经过自然环境的风化和雨淋等作用，会酿成各种污染问题，其中对于土壤的污染问题最为严重。由于重金属对于绝大多数生物的生长和发育都具有抑制和毒害的作用，因此当重金属渗入土壤后，一方面它会在植物体内逐渐累积，最终在食物链的循环中转移到人体体内，危害人类的身体健康，另一方面它会污染地下水源，致使水生生物消亡。此外，重金属还具有迁移性差、降解难度大等特点，如果不断在生态系统中积累，其毒性就会不断增强，对生态系统的危害就会不断增大。因此，企业重金属污染物违规排放是对民众造成环境健康侵害的主要原因之一。

5. 对地表景观的破坏

根据矿区废弃地对土地的破坏，我们可以由此推测并证明出矿区废弃地必然也严重影响了地表景观的地形地貌。例如，露天矿的排土场，其周围大部分都是一些裸露的山体，这就造成了景观严重不协调。另外，部分塌陷区经过了长时间的风吹雨打也形成了各种形态大小不一的深坑，使得地表景观面目全非。

采石迹地山体地势较高，人们从远处即可看到一片荒芜的景观，与山城一体的城市建设极不协调，对区域的人文和自然景观产生了负效应，严重影响了城市发展的投资环境。此外，排土场和矸石山所产生的有色粉尘飘落于矿区大气中，降低了大气的能见度，使人们看不到蓝天。有些粉尘则下落到建筑物上，使建筑物失去了本来的颜色，这些都严重影响了矿区的自然景观。

6. 植被环境破坏

煤矿废弃地对植被的破坏根本原因是植被赖以生存的自然环境被破坏。地表塌陷破坏了土地的自然状态，改变了土壤的理化性质。我国华中、华南、华东的煤矿，由于水资源丰富，下沉的盆地水位较浅，出现沼泽地、盆地积水淹没了土地，浸泡农田，使农作物被淹，地表漏斗使地表腐殖土流失，地表裂缝给土地耕种带来了困难。我国华北、西北的煤矿处于干旱地区，沉陷会破坏含水层，造成地表水位下降，使原本干旱的土壤更加干旱。土壤化学性质的变化使土壤酸化、盐碱化，营养物质流失，使土地营养成分缺乏，影响植被的生长。

土壤被污染后，pH 值发生变化，有毒元素及重金属元素也会使土壤的化学性质发生变化，影响植被的生存环境。排土场和矸石山废弃物的粉尘中含有许多有害元素，煤矸石自燃时，会放出大量烟尘和一氧化碳、二氧化碳、二氧化硫、氮氢化合物和硫化氢等有害物质。

大气中有害气体和烟尘悬浮物的沉降方式有两种，一是通过干沉降，直接降落在土壤上；二是湿沉降，即通过降水使有害物质随其下落，渗入土壤。当天空降雨时，大气和烟尘悬浮物中的有害物质与雨水形成酸雨，降到地面，渗入土壤，使土壤的 pH 值降到 5 以下，抑制土壤中有机物分解和氮固定，淋洗掉土壤中的钙、镁、钾等营养成分，使土壤贫瘠化、盐渍化。土壤被酸化后，部分金属元素会伤害植物根系；酸雨也会直接与植物枝叶接触，会妨碍植物的生长发育。

大气和烟尘中的重金属通过干沉降和湿沉降落于地面并进入土壤，使土壤内的重金属含量大大增加，当达到一定浓度时就会严重危害植物的生存。此外，土壤中的重金属还会破坏土壤内部的营养成分，降低土壤活力，使土壤变成"废土"。

被污染后的土壤还可以作为二次污染的污染源。经过雨水浇淋的土壤，有一部分污染物质会随着水汽循环造成新的土壤污染，而另一部分的污染物质则会被植物吸收，将毒素带到果实中去，若被人类误食，就会危害人体健康。

7. 生物活动受到影响

土壤中的生物体和有机物是土壤生态系统发展与维持的根本。这些生物体可以是蚯蚓和节肢动物，或者是包括细菌、菌类和藻类在内的微生物。土壤之所以能不断供给植物生长所需的营养，主要就是依靠这些生物体对土壤中的有机质进行分解和矿化，使其变成植物可利用吸收的成分。土壤生物体在土壤结构的形成和维持上扮演着重要的角色。

人造土层与未经扰动的土壤相比，生物体数量及有关活动均较少。有机质是土壤中大多数生物体的主要能源，而人造土层缺乏有机质，大多数覆盖层和成土材料也是如此，因而人造土层只能维持一少部分生物体生存。特别是人造土层中的化学作用可能会进一步遏制土壤生物的活动，如酸性煤矿废渣中生物活动就会受到制约。渍水或压实作用造成的厌氧条件可以维持一批不同类型的生物体生存，从而产生需氧条件。但厌氧细菌的活动同时会产生一些副产品，如甲烷、乙烷、硫化氢、一氧化二氮、脂肪酸、酒精、酯。这些副产品会危害树木和其他植物的生长。

有些类型的污染物可能会限制生物有机体的活动。如果上述污染超过临界浓度，那么土壤中的微生物体和无脊椎动物都会受重金属的影响。有机污染物如油或易溶解物，也会给土壤中生物的活动带来严重影响。

（三）地质灾害

1. 地表塌陷

在对矿区进行地下开采的过程中，由于岩体的原有平衡受到破坏，使得岩体内部出现变形和断裂，波及地表，最终造成采空区塌陷。而塌陷的地方则会形成一个超过开采面积的下沉盆地，盆地内的土地经过一系列的变化，其生产力会逐渐下降或是完全丧失，变成荒地。我国大部分的塌陷地都是由于煤矿资源的过度开采及废弃矿区的无为治理造成的。地表塌陷的危害包括水渍化、盐渍化、裂缝及地表倾斜等，其中裂缝在丘陵山区地形中表现得最为严重。

2. 滑坡

由于在矿区开采过程中，山体和斜坡的稳定性受到了影响从而形成了滑坡。另外废弃矿区中堆积的各种废土废石也会形成人工堆积滑坡，一旦剥离或回采不当，就会产生滑坡事故，这也是矿区造成滑坡事故的直接原因。

3. 泥石流

泥石流同滑坡产生的原因类似，但它受天气因素的影响极大，矿区一旦遇上暴风雨等恶劣天气，就容易引发山洪、泥石流等地质灾害。另外，由于废弃矿区中采矿弃渣无序堆积，当泥石流发生时，使河道严重受阻，不仅影响了泄洪安全，还会给山洪救援等造成不便。

二、对生活生产的影响

（一）影响居民健康

煤矿废弃地对矿区环境的污染主要是排土场和矸石山。在排土场和矸石山堆放和形成的过程中，主要会造成以下影响。

1. 形成粉尘颗粒

在堆积的煤矸石山中，废弃固体物本身就存在一些粉尘颗粒，这些颗粒经过大风的影响悬浮于大气中，不仅会被吸入人体，导致各种疾病发生甚至致癌，还破坏了大气温湿效应，造成气候异常，影响人类健康。

2. 释放有害气体

矸石山受到温度影响，极易发生爆炸和自然的现象，当矸石山会释放各种有毒有害气体，包括二氧化碳、一氧化碳、硫化氢、氮氢化合物等，这些气体存在于大气环境中，不仅污染生态环境，也危害人类健康。若空气中的一氧化碳的含量达到 $50mg/L$ 时，就会影响人的血液循环系统及视力健康，此外人吸入二氧化硫还会引起呼吸道疾病。

3. 物质降水后溶解

一般煤矸石多堆放于露天场地，因此当遇到雨天情况时，矸石山中部分易溶于水的物质被水淋洗后就会被溶解，并随降水形成地表径流流入水体，造成水体污染。如果这些水被人们饮用，就容易引起重金属中毒，损害人体健康。除此之外，长期受污染的水源会使水质酸化，用来养殖时，会引起鱼类和淡水生物死亡，用来灌溉作物时，作物也会死亡。

4. 造成辐射污染

排土场和矸石山在形成过程中，矸石由于受到外力挤压或碰撞，裸露面积逐渐增大，其内部所含的辐射性元素就会向空气中大量析出，增大空气中的放射性元素的浓度，造成辐射污染。其中，对人们危害最大的元素是氢，但矸石里的镭、钍、锶及氰放射线也会对人类产生放射性污染。

（二）危害人身安全

废弃矿区内通常会存在一些极其危险的工业废弃物，又或者是未经处理的废弃物堆积山，如煤矸石山。矸石山存在着一定危险性，当它达到一定温度时，就会发生爆炸，造成人员伤亡。爆炸后的区域还会由于地表塌陷等原因发生滑坡等事故。除此之外，排弃物和煤矸石在排放过程中，由于个别岩块体积过大，容易沿坡面向下急剧滚落，造成人员伤亡，在废弃矿区这种事件屡屡发生。

（三）加剧人口增长与土地减少之间的矛盾

露天开采和剥离开采煤炭挖损了大量土地，作业中的排出物又压占了土地；井巷开采后的塌陷地会毁坏田地，作业中排出的矸石堆积又占据了大量土地。我国是人口众多但耕地少的国家，我国人口占世界人口的 1/5，而耕地面积仅占全球耕地面积的 9%。人均占有耕地仅 $0.079hm^2$，不足世界人均耕地 $0.33hm^2$ 的 1/4，而且我国每年增加人口 1300 万～ 1400 万，每 7 年增加 1 亿人口。而每年耕地面积又以 40 万 hm^2 的速度递减。在耕地递减的国家中，煤炭开采破坏耕地占了破坏耕地总量的很大比例。

另外，过度开采的煤矿地表承受力非常脆弱，极易出现塌陷，再加上受到恶劣天气的影响，还会诱发各种自然地质灾害，如坍塌、山体滑坡、泥石流等。同时，矿区的地表塌陷还会对地面建筑物造成一定影响，使道路、桥梁、输电线等受到不同程度的破坏，使附近村庄出现人口转移的现象。相关统计数据显示，每生产 1000 万 t 煤，其所造成的地表塌陷影响就会造成 2000 人口转移，并且工业废弃物的堆积场所也占用了大片土地，加剧了我国人口增长与土地减少的矛盾。

（四）影响居民生活生产

在煤矿废弃地周围，随时会出现地表塌陷、山体滑坡等灾害，地表承受力低，生态环境破坏严重。一些由于坍塌受到影响的设施建筑会出现不同程度损坏，导致电路出现问题，给当地居民的生产和生活带来很大不便，造成了重大经济损失。另外，地表坍塌还会对水利工程、铁路工程、通信工程等造成了极大的破坏。

第三节　我国矿区废弃地的现状

一、我国矿业城市及其废弃工矿区土地的分布

（一）按照矿业城市发展综合状况分类

矿业城市发展的综合状况包括矿产资源的开发程度、城市产业结构的现状、资源开发主体的发展进程等方面，根据这些参数，我国的工矿城市可被分为发展期城市、面临二次创业的城市、主体企业发展停滞的城市、资源枯竭型城市、综合程度较高的城市。

（二）按照矿产资源开发阶段分类

矿产资源开发大致可分为三个阶段，即开发初期、开发鼎盛期、开发衰退期。因此根据这三个阶段，可将我国工矿城市分为处于开发初期的城市、处于开发鼎盛期的城市及处于开发衰退期的城市。

（三）按照主导矿产资源种类分类

矿产资源的类型一共可分煤炭型、油气型、金属型、非金属性和综合性五种。按照城市所主导的矿产资源种类，可将我国工矿城市分为煤炭型矿业城市、油气型矿业城市、冶金矿业城市、有色金属矿业城市、黄金矿业城市、非金属型矿业城市及综合型矿业城市七种类型。我国矿业城市分类及数量如表3-1所示。

表 3-1　我国矿业城市分类及数量

城市类型	类别	数量	城市名称
煤炭型	地级市	31	邢台、大同、朔州、阳泉、长治、晋城、乌海、赤峰、抚顺、阜新、鸡西、鹤岗、双鸭山、七台河、徐州、淮南、淮北、宿州、龙岩、萍乡、济宁、淄博、枣庄、平顶山、鹤壁、焦作、娄底、达州、六盘水、铜川、石嘴山
	县级市	41	古交、霍州、高平、离石、介休、东胜、霍林郭勒、满洲里、铁法、北票、舒兰、珲春、乐平、丰城、兖州、邹城、肥城、新泰、龙口、滕州、永城、义马、汝州、新密、登封、荥阳、禹州、涟源、资兴、耒阳、合山、百色、华蓥、广元、毕节、安顺、都均、宣威、韩城、灵武、和田

城市类型	类别		数量	城市名称
油气型		地级市	8	盘锦、松原、大庆东营、濮阳、南阳、茂名、克拉玛依
		县级市	7	潜江、任丘、锡林浩特、江都、东万、玉门库尔勒
金属型	冶金	地级市	10	邯郸、包头、鞍山、本溪、马鞍山、新余、莱芜、黄石、攀枝花、嘉峪关
		县级市	9	武安、沙河、迁安、临汾、漳平、大冶、乐昌、东川、阜康
	有色	地级市	9	葫芦岛、滁州、铜陵、南平、赣州郴州、渭南、白银、金昌
		县级市	18	原平、孝义、河津、磐石、德兴、贵溪、瑞昌、巩义、冷水江、常宁、临湘、河池、南川、凉山州、清镇、个旧、商州、张掖
	黄金	地级市	3	张家口、承德、三门峡
		县级市	7	桦甸、莱州、招远、灵宝、高要、贺州阿勒泰
非金属		地级市	3	景德镇、云浮、自贡
		县级市	25	鹿泉、大石桥、海城、瓦房店、九台、阿城、福鼎、南安、永安、龙海、平度、江津、青铜峡、凤城、淮阴、樟树、寿光、应城、钟祥、浏阳、福泉、安宁、格尔木
综合型		地级市	4	唐山、白山、辽源、韶关
		县级市	3	高安、绵竹、哈密

（四）按照城市行政级别或城市规模分类

按行政级别分为地级城市和县级城市；按城市规模分为特大城市、大城市、中等城市和小城市。

总体而言，我国城市废弃工矿厂区土地的分布特点为范围广、特殊性强等。在我国的 178 座矿业城市中，东部地区 54 座，占全国矿业城市总数的 30%，中部地区 74 座，占全国矿业城市总数的 42%，西部地区 50 座，占全国矿业城市总数的 28%。

二、我国矿区废弃地的危害现状

中国是个矿产大国，无论是矿山的数量还是矿山开采，都居于世界的前列，但是这恰恰也反映了人们开采矿山对土地和环境造成了极大破坏。在中国，经确认并报道的因废弃矿区被破坏的土地已高达 288 万 hm^2，被破坏的森林面积为 106 万 hm^2，被破坏的草地面积为 26.3 万 hm^2，这些数据都表明了废弃矿区对生态环境的破坏力极大。对于现在的生态环境来说，越来越多的矿区由于过度开采已经变成了资源枯竭的废弃地，这些废弃地上堆积着许多工业垃圾，它们不断对周围环境造成污染。例如，在风吹、水蚀等恶劣天气下，污染物迅速扩散到大气、水流及土壤中，降低了环境质量，导致生态系统退化；有些矿区废弃库中堆存的废弃物过多，老旧设备承受力不住，容易引发溃堤垮坝、泥石流、山体塌陷、淤塞河道等事故。另外，这些污染不但危害力巨大，其所需的治理时间也非常长。一般来说，未经处置的尾矿其污染时间会持续将近 100 年，而废石堆的污染则会长达 500 年，环境治理的局势非常严峻。

进入 21 世纪以来，生态和环境问题逐渐加重，已经成为全球最急需解决的问题之一。中国作为发展中国家，在寻求经济发展和社会建设时，做了很多破坏环境和生态平衡的事情，这些行为最终也产生了诸如水土流失、土地荒漠化、植被毁坏等后果。实际上，造成中国生态和环境恶化的因素有很多，不仅包括历史和现实的原因，也包括自然的演变和运动等原因。但是，人们为了追求一己私利而不顾自然生态规律的破坏才是导致生态和环境恶化的主要原因。

采煤业对生态和环境的破坏是加重中国生态和环境恶化的重要因素之一，其完全是逆着自然生态规律而动带来的严重后果。当然，采煤业的这种破坏有当代现实的原因，也有其历史原因。新中国成立之前，由于社会动荡，战争连绵不断，人民生活水平低下，经济发展缓慢，煤炭需求量和产量较小。1949 年以前，我国煤炭年产量不到 3360 万 t，采煤业对生态和环境的破坏造成的恶果不明显。新中国成立后，党和政府要求迅速恢复国民经济建设，作为支撑国民经济建设的主要能源——煤炭被大量开采，煤炭产量每年以 9.9% 的速度递增。我国煤炭产量又占据着能源总产量的很大比重，20 世纪 50 至 60 年代，煤炭年产量占我国能源总产量的 95% 以上。近年来，即使由于石油天然气等能源应用得到了发展，煤炭年产量占全国能源的比重也保持在 70% 左右。这个比重将会持续很长时间，不会在短期内减少，因此煤炭给社会带来的危害也不会在短期内减小。改革开放以来，随着经济的迅速发展，煤炭生产又获得快速发展。煤炭产量增加，加剧了生态和环境的破坏。

三、我国矿区废弃地的治理现状

新中国成立初期，为了迅速恢复国民经济，采煤业肆意破坏生态环境，直到 20 世纪 60 年代，党和政府注意到煤炭行业是木材消耗量较大的行业，同时矿区又占有大量的土地（含废弃地），有条件栽植树木，补充木材消耗量，为减少林业部门的木材供应压力，国务院财政部和煤炭部联合发文，要求煤炭生产单位从吨煤生产成本中提取 0.10 元作为造林费，用于建设坑木林基地，营造坑木林。从此，国有统配煤矿才兴起造林事业。尽管当时只提到营造坑木林，没有提及恢复生态环境，但是营造起的坑木林已经起到了恢复生态环境的作用。此后煤炭部和财政部又联合下发通知，将从吨煤生产成本中提取的造林费用从 0.10 元提高到 0.15 元。这说明党和政府开始逐渐重视采煤业中的造林事业和恢复生态环境工作。为此，政府从中央和煤炭部到国有统配煤矿的矿务局，层层建立机构，设置人员，组建专业队伍，在煤炭系统中兴起了林业事业，并取得了一定成就。据统计资料显示全国大中型国有煤矿共建立林业处及林场 102 个，拥有职工 2 万余人，有林地 14 万 hm²。这对恢复煤炭矿区的生态环境做出了贡献。但是，地方乡镇矿区对生态环境的保护和治理却属于空白，尽管对生态的破坏十分严重，但治理和恢复率却几乎为零。到 20 世纪末，由于经济改革向纵向发展，国家调整经济结构，煤炭发展急转直下。从 1992 年开始，煤炭销售回缩，产量下降，经济发展下滑，逼迫煤炭部门合并机构，裁剪人员。大部分煤炭企业将煤矿的林业部门合并到其他机构，裁减了林业专业队伍和人员，减少了造林面积，使煤炭系统的林业和恢复生态环境事业的发展放慢了脚步，甚至停滞不前。21 世纪初，煤炭行业经济复苏，市场需求量攀升，煤炭产量又逐年提高，经济情况出现了复苏，环境治理工作也有了新的起色。但是也有一些经营者，只顾眼前利益，不顾长远大计，以牺牲生态和环境为代价，进行掠夺式的煤炭开发和生产，使已经恢复的生态环境重新受到破坏。至于地方乡镇和个体小煤窑的经营者在治理环境方面仍然等于空白。近年来，个别地区政府拿出资金开始对乡镇和个体煤矿废弃地进行治理和植被恢复工作，但远远达不到环保的要求。

进入 21 世纪，面对生态环境持续恶化的现实，党中央、国务院做出了治理生态和保护环境的，新的战略部署。党中央的宏观战略和指导思想，进一步指明了新时期我国社会经济发展和生态治理、环境保护的方向。国家有关部门根据中央的部署，重新修订和规划了生态治理与环境保护的宏观目标、任务要求及保障措施。全国各地各行各业正在组织新一轮的，更大规模的治理生态和保护环境的行动。

　　采煤业是破坏生态环境十分严重的行业，也是国家生态治理、环境保护的重点行业。在全国更大规模的治理生态和保护环境的战役中，煤炭行业正在认真落实生态治理、环境保护的各项目标，积极完成生态治理、环境保护的各项任务，采取有效的手段和保障措施，争取早日走上以人为本，全面、协调、可持续发展的科学发展道路，建立人与自然和谐发展的新局面。

第四章 矿区的土壤改良与固体废弃物治理

矿区土壤的改良及对固体废弃物的治理一直都是非常重要的工作，它除了能使矿产原料的品种和产量增加以外，还能使产品质量得到一定程度的提高，同时还能变废为宝，化害为利，一矿变多矿，小矿变大矿，从而做到对矿山资源的合理开发和充分利用。本章分为矿区的土壤改良和矿区的固体废弃物治理两部分。

第一节 矿区的土壤改良

一、土壤改良的作用

离开了土地，世间万物都无法生存。人类为了创造财富而对自然进行不断改造，使得土壤环境受到了相当大的影响，甚至使土壤环境的部分功能也遭到了一定的破坏。遭到破坏和污染的土壤，它的生态功能必然也会受到影响，严重的话甚至可能会使土壤的系统崩溃、功能丧失。由于植物生长大多需要土壤环境，而植物的吸收和积累作用能够在一定程度上将土壤中的污染物质降解，在降解的过程中，土壤中的污染物会有一部分被转移到植物中，人类在食用这些植物之后，污染物就会进入人体，进而危害人体健康。

一旦矿山废弃地原来的生态系统被破坏，该地区就会形成极端的生境条件，从而对植物的生存产生一定影响。造成矿山废弃地形成的环境胁迫因子主要包括：①土壤基质的物理结构较差，没有较好的持水和保肥能力；②土壤中的养分失衡，使得土壤过于贫瘠，氮、磷、钾及有机质含量极低；③土壤中含有较高的重金属，对植物的代谢产生了很大影响，导致植物吸收营养元素的能力及根系的生长受到了抑制；④土壤的 pH 值过于极端化；⑤由于干旱或盐分过高等原因，使得土壤出现了生理干旱。

土壤基质改良是修复矿区废弃地生态过程中首先要解决的一个问题，同时也是最为核心的问题。改良矿山废弃地基质可以用到的材料和方法有很多，但它们都需要实现三项基本目标：①对土壤基质的物理结构做进一步改善；②对土壤基质的养分情况做进一步改善；③去除基质中的有毒和有害物质。

在准确地分析完矿山废弃地影响植物定居的主要影响因素之后，就可以开始对废弃地土壤进行改良工作。改良废弃地土壤可以用到的材料和方法有很多种，并且对于每一种不良的理化性质，都有短期和长期的改良措施。较为理想的改良措施应不仅能服从生态恢复的既定目标，而且还应该是较为经济且长期有效的。

二、土壤改良的物质

表土、化学肥料、有机废弃物、绿肥、固氮植物等均可作为改良废弃地的材料，改良土壤的物质是非常广泛的，并且这些改良物质也都有其各自不同的作用。

（一）化学改良物

1. 添加营养物质提高土壤肥力

植物生长所必需的大量元素主要有 N、P、K 等，而矿山废弃地上面往往就是这些元素严重缺失，因此在改良土壤时，配合使用这些元素，通常情况下都会取得较为明显的效果。但是，对于一些土壤结构不良的废弃地，很容易就会在降水天气淋溶掉所施用的速效化学肥料，这就要求在施用化肥时，采用少量、多次施用的方式，当然也可以选用分解较慢的长效肥料。

如果矿山废弃地土壤的 pH 值较为极端，或者含有较高的盐或重金属，那么不管在土壤中施加多少养分，都无法很好地促进植物生长。针对这种情况，养分便已经不再是主要因素，人们应尽快将土壤中残留的有毒因素排除，只有这样才能使植物的生长正常。

2. 施用石灰等物质调节土壤 pH 值

大多数矿业废弃地往往都会或多或少的存在一定程度的酸化问题，一些废弃地呈现酸性，导致土壤中的金属离子浓度和酸性过高，这对植物的生长非常不利，因此必须要改善土壤的酸性条件。其中，一个一举两得的办法就是在酸性土壤中施用市售农用的硅酸钙、碳酸钙、熟石灰等石灰性物质，这样不仅可以中和土壤中的酸性，还能利用这些石灰性物质中的钙离子通过拮抗作用来降低植物吸收重金属的量。此外，对于酸性较高的废弃地，为了防止局部土壤因施加石灰过多而呈现出碱性，应采用少量多次的方式来施用碳酸氢盐和石灰，而对于呈现出碱性的废弃地，则可以通过硫酸和硫酸氢盐等物质来进行改善。

3. 施加含钙离子化合物缓解重金属毒性

研究者通过提高溶液当中某种离子的浓度来观察植物吸收其他离子多少的变化情况，在这个过程中，如果一种离子对另外一种离子的吸收产生了抑制作用，那么就认为这两种离子之间产生了拮抗作用。研究发现，钙离子就具有抑制大多数重金属离子毒性的作用，也就是说，很多具有毒性的金属离子在遇到钙离子之后，这些有毒金属离子的毒性就会有所缓和，并且已经有实验可以证明，钙离子的存在，能够在很大程度上减少植物吸收有毒重金属。因此，对于钙离子含量较低的废弃地土壤来说，可以通过施加硫酸钙或碳酸钙来进行改良。

（二）有机物质

污泥、生活垃圾、泥炭及动物粪便等富含养分，且养分的释放缓慢，可供植物持久利用。同时，它们还能有效吸附土壤中的阴阳离子，使土壤的缓冲能力得到进一步提高，使土壤中盐分的浓度降低。此外，这些有机质还可以对土壤中的部分重金属离子进行整合或络合，从而使土壤的毒性得到缓解，提高其基质的持水保肥能力。这种施用固体废弃物等有机肥料的方式，可以有效改善废弃地的土壤结构，不仅可以废物利用，还改善了土壤环境，带来了更多经济效益。因此，它们被广泛应用于矿山废弃地重建植被时的土壤改良。

污泥、生活垃圾、泥炭及动物粪便等本来就被归为固体废弃物，可以说，这种以废治废的做法，具有相当高的综合效益。总的来说，通过有机物质来对土壤进行改良所产生的效果要比化学改良好一些。治理时农作物的秸秆常常会作为覆盖物放于废弃地的表面，这样做可以很好地改善废弃地的温度状况，保证废弃地始终维持着有利于种子萌发和幼苗生长的温度。此外，秸秆还能改善土壤的物理结构，有利于微生物生长，固定和保存氮素养分，促进土壤中的养分转化。还有许多矿物也被广泛应用于矿山废弃地的土壤改良，如泥炭、褐煤、风化煤、石灰、石膏、蛭石、膨润土、沸石、珍珠岩和海泡石等。

三、土壤改良的措施

（一）物理改良

1.溶剂萃取

土壤的溶剂萃取技术是指向土壤中加入某种溶剂，利用污染物在某些溶剂中的溶解性，而将污染物与土壤分离的一种异位土壤修复方法。该技术主要应用于多氯联苯（PCB）、石油类等是污染源的污染土壤的修复。

土壤溶剂萃取技术类似于从油砂中萃取沥青的技术。人们通常将油砂视为被沥青质污染的砂土、粉土和黏土，在阿尔伯塔加拿大石油公司已经有相关的中试设备，这一中试系统可用于污染土壤的萃取工作。由于有机物在有机溶剂中的溶解度一般要大于在水中的溶解度。因此，使用有机溶剂提取土壤水相中溶解的、土壤孔隙间分布的及吸附在土壤颗粒表面的污染物，也有使用超临界状态的二氧化碳等物质作为萃取剂来提取土壤当中污染物方法。

该技术一般由预处理系统、萃取系统和溶剂循环系统等组成。一般需将污染的土壤从污染地带挖出，去除大块的石块和植物残枝后，经过粉碎筛分等预处理过程，进入萃取器萃取。萃取之后，需对土壤固相和萃余液进行分离，萃余液可以使用精馏或者膜分离等方式将溶剂与污染物分离，实现溶剂的循环利用。萃取后的土壤固相如果污染物含量依旧较高，可进行多次萃取。萃取后的固相含有部分溶剂，则视所用溶剂的毒性进行处置，如果毒性不大，则可将处理后的土壤回填。其基本流程如图 4-1 所示。

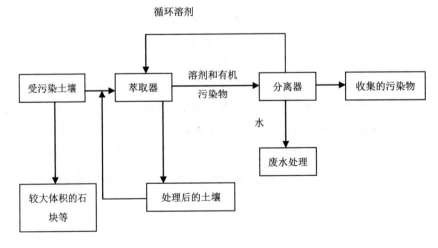

图 4-1　溶剂萃取流程示意图

2. 表土保护利用技术

在地表发生扰动破坏之前，应先将地面 30～60 cm 的表层和亚层土壤取走，并保存起来，并且尽量保证这部分土壤的结构不发生破坏和养分流失，这样在工程结束之后，就可以将它们运回到原处再利用。目前，西欧大多数国家的露天矿山都在使用这一技术。

3. 土壤淋洗

在土壤中混入能够溶解污染物的液体，并让它们充分混合和摩擦，借此将土壤中的污染物转移到液相和小部分土壤中，这种异位修复方法即为土壤淋洗。通常经过清洗的土壤还需要做进一步的修复，因此这种方法常与其他方式共同使用。污染物通常在某类土壤中的吸附能力大于其他类土壤，如在黏土或者粉砂中的吸附能力大于在颗粒大一些的土壤（如粗砂和砾砂）中的吸附能力。反过来，黏土和粉砂易于黏附在粗砂和砾砂之上。土壤清洗可以帮助黏土和粉砂与颗粒较大的、干净的土壤分离，从而减小了污染物的体积。颗粒较大的部分毒性较低，可以回填；颗粒较小的可以结合其他的修复方式进行处理。

进行清洗之前需将土壤中的大块岩石及植物残枝去除，然后再进行清洗。清洗包括混合、洗涤、漂洗、粒径分级等步骤，有些装置混合和洗涤在同时进行。通常人们通过土壤与清洗液混合，并通过高压水流或者振动等方法，使污染物溶解或者使含有污染物较多的细颗粒与粗颗粒分离。在经过适宜的接触时间之后，进行土水分离。较粗的颗粒通过筛网或振动筛等设备移除，较细的颗粒则进入沉淀罐。有时为使细颗粒沉降，需要使用絮凝剂，然后对较粗的颗粒进行浮选或者用清水漂洗除去其中夹杂的细颗粒，处理后的粗颗粒可进行回填，最后使用其他的方法处理细颗粒及污水。其基本流程如图 4-2 所示。

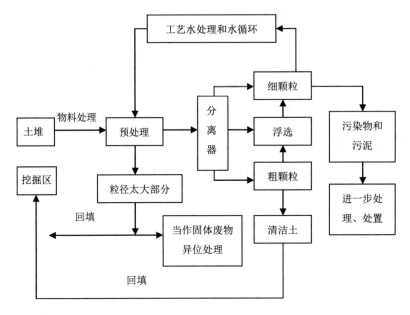

图 4-2　土壤洗涤流程示意图

土壤原位淋洗修复技术对土壤的现场条件要求比较高，要求土壤为沙质或者有高导水率，并且污染带的下层土壤应是非渗透性的，这样才能将淋洗液注入污染的土壤，再用泵将含有污染物的淋洗液抽吸到地面，除去污染物，再将淋洗液回收使用。该方法较异位修复方法的缺点在于：难以控制污染液流的流动路径，这样有可能会扩大土壤被污染的范围和程度，影响土壤清洗的效率，因此在采用该方法的时候应该对当地的水文资料进行详细了解。土壤原位淋洗修复技术有三种方式，即注射式、灌溉式和喷淋式。

土壤淋洗技术的研究目前主要集中在有机污染和重金属污染的治理方面。其按照运行方式可分为单级清洗和多级清洗，按照淋洗液的不同可分为清水清洗、无机酸（碱、盐）清洗、有机酸和螯合剂清洗、表面活性剂清洗、氧化剂清洗及超临界二氧化碳流体清洗等。

（1）污染物种类

土壤淋洗适用于多种污染物污染的土壤，包括挥发性有机化合物（VOC）、半挥发性有机物（SVOC）、原油、燃料油、PCB、多环芳烃（PAH）、重金属、放射性污染物等。这种方法适用范围广，且能够回收其中的部分金属及有机物。对于燃料油、喷气式飞机燃油以及废油的地下储罐泄漏，超级基金创新技术评估（SITE）项目报告表明，在使用表面活性剂或者加热时，对残余金属和烃类的去除率为 90%～98%，对于 VOC 等具有较高的蒸汽压或溶解度较高的污染

70

物，单纯使用水洗去除率就有 90%～99%，对于 SVOC，水洗去除率相对较低，在 40%～90%，加入表面活性剂可以提高去除效率。对于金属和杀虫剂之类的水溶性较差的物质，一般需要加入酸或者螯合剂。

（2）清洗液类型

为了提高清洗效率，有时会提高清洗液温度以促进污染物溶解，有时会在清洗液中加入表面活性剂、络合剂、酸等其他试剂，具体试剂需视污染物种类而定。表面活性剂一方面可以显著降低溶液的表面张力，从而使土壤中的污染物在清洗液当中分散，另一方面由于表面活性剂分子具有亲油亲水的"双亲"结构，当溶液中表面活性剂浓度高于临界胶束浓度（CMC）时，表面活性剂分子会在溶液中形成胶束，表面活性剂分子的疏水端在胶束内部会形成一个小的疏水氛围，对有机污染物具有一定的增溶作用。溶合剂能够与金属离子形成配位化合物，增加金属离子的溶解性能，从而提高清洗效果。酸能促进土壤中的金属化合物解离，从而增加金属离子的溶解。需要注意的是，在清洗液中增加其他试剂时，也会增加废水中相应物质的含量，因此在废水处理时人们也要考虑相关的影响。

4. 客土覆盖

如果矿区废弃地的土层比较薄，或者严重缺少种植土壤，在这种情况下，就可以直接采用异地熟土覆盖的方式，将地表土层直接固定，同时改良土壤的理化特性，尤其是对氮素、微生物和植物种子的引进工作，对重建矿区植被非常有利。在进行客土作业的过程中，要将城市生活垃圾污泥及其他项目剥离的表土充分利用起来，以减少对其他区域土壤土层的破坏。

5. 吸附技术

吸附技术是用活性炭、黏土、金属氧化物、锯末、沙、泥炭、硅藻土、人工材料作为吸附剂，将有机污染物、重金属离子等吸附固定在特定吸附剂上，使其稳定并固化或稳定化的处理技术。一般在治理过程中常用的吸附剂是活性炭和吸附黏土。

（1）活性炭

目前，以活性炭作为主要添加剂的无视胶结剂固化／稳定化技术的主要研究对象是芳香族化合物和持久性有机物等，它的处理效果不管是在实验室的研究中，还是在工程实践中，都有着非常良好的表现。但它也存在着一定缺陷，那就是所需要的使用成本非常高，这也就让它的应用受到了限制。

（2）吸附黏土

有机黏土的吸附效果往往都是非常强的，它广泛应用于含毒性有机物与危险废物的固化／稳定化过程中，能够使有机污染物的稳定化作用得到进一步增强。目前，以有机黏土为添加剂的无机胶结剂固化／稳定化技术的主要研究对象包括苯、甲苯、乙苯、苯酚、3-氯酚等。对于有机污染物，尤其是非极性有机污染物来说，有机黏土的固化效果是非常好的，它被广泛应用于含毒性有机物危险废物的固化／稳定化技术中。

影响土壤固化／稳定化修复效果的因素很多，主要有土壤的性质、污染物的性质等，具体为：①土壤性质的影响主要有水分或有机污染物含量过高，土壤容易形成聚集体，修复剂不易与土壤混合均匀，从而降低修复效果，土壤干燥或者土壤黏性大也容易导致混合不均匀，土壤中石块比例过高会影响土壤与修复剂的混合效果；②污染物性质的影响主要有不适用于挥发性／半挥发性有机物，不适用于成分复杂的污染物。

6. 施用有机改良物质

对于作物的生长和发育来说，有机肥料能够为其提供必需的各种营养元素，同时还能够对土壤的物理性质进行改良。说到有机肥料，最常用的就是人畜粪便，除此之外，还有很多种，如污水污泥、有机堆肥及泥炭类物质等。其中，由于污水污泥、泥炭、垃圾及粪便中含有丰富的氮、磷等有机物，所以在矿山废弃地的土壤改良过程中被广泛应用。

这些有机肥料都是非常好的阴阳离子吸附剂，能够有效提高土壤的缓冲能力，使土壤中原有的盐分浓度得到一定程度降低。此外，有机肥料还能将土壤中的部分重金属离子整合或络合，从而使土壤的毒性得到缓解，基质持水保肥的能力得到进一步提高。城市污泥除含有丰富的氮、磷、钾和有机质外，还有较强的黏性、持水性和保水性，从而能够改良废弃地的理化性质、增加土壤肥力，并提高矿区废弃地微生物的活性。

7. 土壤焚烧

土壤焚烧是将土壤置于温度为870℃～1200℃的条件下，使土壤中的有机污染物蒸发或者燃烧分解的方法。该方法一般需要外加燃料以保持燃烧所需高温。这种方法去除污染物的效率能够超过99.99%，对PCB等甚至可达到99.9999%。土壤焚烧系统主要由焚烧炉、尾气处理系统和控制系统等组成。

焚烧炉主要包括流化床、旋转窑和炉排炉，它们的比较见表4-1。旋转窑是常用的焚烧炉，温度一般高于980℃。土壤在旋转窑中时，随旋转窑慢慢转动，土壤翻滚，可以实现均匀受热。污染物受热后挥发，也可能产生某些化学反应，生成其他气态物质，这些气态物质将进入后燃器。后燃器温度较高，一般为1200℃左右，有机污染物在此高温下，与氧气发生反应生成二氧化碳和水。后燃室产生的尾气进入尾气处理系统冷却和净化，以除去其中的粉尘和酸性物质。

表4-1 常见的三种焚烧炉的比较

类型	流化床	旋转窑	炉排炉
结构	简单、无转动	复杂、转动、密封	复杂、转动、工艺要求高
燃烧性能	稳定燃烧	可随垃圾变动	稳定、简单炉排炉不完全燃烧
预处理	破碎	对易滚动、黏性物料处理	不需要
二次污染处理	在炉内同时进行、效果好、较经济	炉外实现、投资较高	投资较高
焚烧对象	广	不适合高水分、高热值物料	广
适应性	好	弱	好
工况	间歇	连续	连续
处理量	小	一般	大
维修	容易	难	难
占地面积	小	大	大
应用	正在完善	较完善	较完善

污泥燃烧的效果决定了焚烧法处理的质量。燃烧效果受多方面因素的影响，主要的影响因素有燃烧时间、操作温度、废物与空气的混合程度等。

（1）燃烧时间

燃烧反应的时间就是固体废弃物的燃烧时间，也就是说，固体废弃物在燃烧层要有足够的停留时间，并且固体废弃物在高温区的停留时间要比燃料燃烧所需要的时间长一些才可以。此外，燃烧时间与固体废物粒度的1～2次方成正比，加热时间近似与固体废物粒度的2次方成正比。要想让固体废弃物与空气的接触面积更大，就要让固体的粒度尽可能细一些，只有这样它的反应速率才会越大，固体在燃烧炉中的时间也就越短。

（2）操作温度

燃料的温度至少应该达到着火温度，这样才能与氧气发生反应而燃烧，因此燃烧炉的温度应该在燃料的着火点以上。通常情况下，较高的温度会使颗粒的表面积增大，也会提高传热的速率，因此燃烧速率快，废物在炉内的停留时间就短。但是，到达一定程度后，燃烧速率提高的幅度就不大了，因此考虑到经济因素，要选择合适的温度才有利于废物分离。

（3）废物与空气间的混合程度

为了使固体完全燃烧，氧气应该是过量的。氧气的浓度越高，燃烧就越快。另外，空气在炉内的分布状况和流动形态也是一个重要的参数。总的来说，应该将空气与废物充分地混合均匀，以提高氧气在炉内的传质效率。

焚烧法处理污染物彻底，这是其最大的一个优点，但是伴随着燃烧反应，会有有毒的中间产物产生，如若控制不当，会有二次污染，这是其一个比较重要的缺点。通过比较其优缺点，人们可以更好地认识这种好方法，更加有效地处理污染物。

焚烧法的优点：可以使污泥的体积减少到最小，有利于空间利用；处理速度快，不需要长期储存处理产物；焚烧热可回收，如我国首台污泥焚烧发电系统在山东滕州面世，待处理污泥进入全封闭状态的处理池，然后顺序进入干燥仓，利用电厂锅炉产生的余热烘干后进入 1500℃ 高温的发电锅炉，与煤炭一起焚烧进行发电；该法处理彻底，产物少且性质稳定。

焚烧法的缺点：焚烧法所需的投资较大，管理要求高，在焚烧过程中容易产生剧毒中间产物二氧杂苣，目前消除这一问题的主要方法是设置二燃室、控制燃烧温度等，但是由于技术限制，目前尚不能完全有效地监测和控制二氧杂苣，不能彻底解决二次污染问题；由于受污泥含水率、有机质含量等因素的约束，在燃烧过程中还得加入化石燃料，这在一定程度上会增加处理的投入。

8. 土壤气相抽提

土壤气相抽提（SVE）又称为土壤通风、原位真空抽提、原位挥发或土壤气相分离，已经成为一种应用非常广泛的修复挥发性有机物（VOC）污染土壤的技术。这种方法主要是通过抽真空设备产生负压，使土壤中的 VOC 挥发进入土壤气相，并随气流流向抽提井，从而达到与土壤分离的目的。1972 年，D. 科诺匹克（D. Knopik）开始使用 SVE 技术处理明尼苏达州森林湖一处加油站因汽油地下储罐泄漏导致的污染土壤，到 1982 年科诺匹克在全美大约 100 个场地使用该技术，并获得专利。

一个典型的土壤通风系统主要由抽真空系统、抽提井、管路系统、除湿设备、尾气处理系统以及控制系统等部分构成。为了防止抽气时空气从邻近抽提井的地表进入，造成短路，有的地方在地面增加了防渗层，可使用塑料布或者柏油路面，这种方法也可以防止水分渗入地下。

由于 SVE 技术能够简单、有效地移除非饱和区的 VOC，因此其被广泛推广和应用。SVE 既可原位进行也可异位进行，但以原位修复为主。根据美国国家环境保护局（EPA）的数据，1982～2004 年，美国超级基金场地中共进行了 950 项修复，其中有 244 项为原位 SVE，7 项为异位 SVE。2004～2008 年，进行了 230 项超级基金场地修复，其中原位 SVE 技术 32 项，异位 SVE 技术 2 项。

SVE 技术能够有效地去除非饱和区的 VOC，其影响因素如下。

（1）土壤的渗透率

由于 SVE 需要引起地下的气体流动，而土壤的渗透率决定着气体在土壤中流动的难易程度，因此土壤的渗透率对于能否使用 SVE 技术具有决定作用。土壤渗透率越高，越有利于气体流动，也就越适用于 SVE 技术。图 4-3 给出了渗透率与 SVE 效果的关系。当 $k < 10^{-10}\text{cm}^2$ 时，SVE 的去除作用很小；$10^{-10}\text{cm}^2 < k < 10^{-8}\text{cm}^2$ 时，SVE 可能有效，但还需要进一步评估；当 $k > 10^{-8}\text{cm}^2$ 时，SVE 一般情况下都有效。

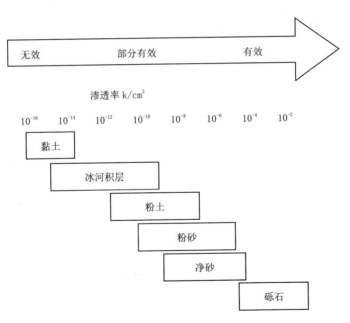

图 4-3　渗透率与 SVE 效果的示意图

（2）土壤含水率

土壤水分能够影响 SVE 过程中的地下气体流动。一般而言，土壤含水量越高，土壤的通透性越低，越不利于有机物的挥发。同时，土壤中的水分还会影响污染物在土壤中存在的相态。受有机物污染的土壤，污染物的相态主要有土壤空隙当中的非水相（NAPI）、土壤气相中的气态、土壤水相中的溶解态、吸附在土壤表面的吸附态。当土壤含水量较高时，土壤水相中溶解的有机物的含量也会相应增加，这有利于 VOC 向气相传递。此外，鲍尔森（Poulsen）研究表明，土壤含水率并不是越低越有利于去除 VOC，当土壤含水率小于一定值之后，由于土壤表面的吸附作用使得污染物不容易被解吸，从而降低了污染物向气相的传递速率。

（3）污染物的性质

污染物的物理化学性质对其在土壤中的传递作用具有重要的影响，土壤中的挥发性有机污染物在地下的分配方式如图 4-4 所示。

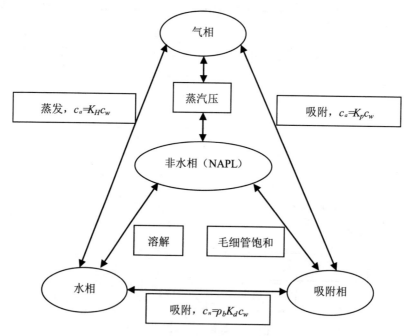

图 4-4　土壤中 VOC 在各相中的分配

SVE 适用于挥发性有机物污染的土壤，通常情况下挥发性较差的有机物不适合使用 SVE 修复。污染物进入土壤气相的难易程度一般采用蒸汽压、亨利常数及沸点衡量，SVE 适用于 200℃时蒸汽压大于 0.5 mmHg（67 Pa）的物质，即亨利常数大于 100 atm（1.01×10^7 Pa）的物质，或者沸点低于 300℃的物质。

蒸汽压受温度影响很大，当温度升高时，蒸汽压也会相应增大，因此出现了通入热空气或水蒸气修复蒸汽压较低的污染物污染的土壤的强化技术。对于一般的成品油污染，SVE 适用于去除汽油的污染，对于柴油效果不是很好，不适用于润滑油、燃料油等重油组分污染土壤的修复。其中 c_a、c_w、c_n，分别为 VOC 组分在气相、水相、固相中的浓度；K_H 为亨利常数；K_P 为气—固分配系数；K_d 为固—液分配系数；ρ_b 为土壤的体密度。

（二）化学改良

1. 土壤肥力

矿山废弃地上面植物生长情况不好往往就是一些元素的严重缺失导致的，因此在改良土壤时，要配合使用植物生长所必需的大量元素，比如 N、P、K 等，通常情况下这种处理方式会取得较为明显的效果。但是，对于一些很容易就会淋溶掉所施用的速效化学肥料的，土壤结构不良的废弃地来说，就必须要在施用化肥时，采用少量、多次施用的方式，当然也可以选用分解较慢的长效肥料。

2. 重金属毒性

如果矿山废弃地含有较高的盐或有毒重金属，那么不管在土壤中施加多少养分，都无法促进植物生长。针对这种情况，养分便已经不再是主要因素，修复时首先要尽快将土壤中残留的有毒因素排除，只有这样才能使植物的生长情况出现较为明显的改善。

3. 极端 pH 值

很多矿业废弃地往往都存在一定程度的酸化问题，如果矿山废弃地的土壤的 pH 值较为极端，呈现酸性，土壤中的金属离子浓度和酸性就会过高，这样的土壤对植物的生长是非常不利的，因此改善土壤的酸性条件就变得刻不容缓。其中，一个一举两得的办法就是在酸性土壤中施用市售农用的硅酸钙、碳酸钙、熟石灰等石灰性物质，这样不仅可以中和土壤中的酸性，还能利用这些石灰性物质中的钙离子通过拮抗作用来降低植物吸收重金属的量。此外，对于酸性较高的废弃地，为了防止局部土壤因施加石灰过多而呈现出碱性，应采用少量多次的方式来施用碳酸氢盐和石灰，而对于呈现出碱性的废弃地，则可以通过硫酸和硫酸氢盐等物质来进行改善。

此外，对于碳酸钙含量较高及 pH 值较高的废弃地，还可以通过使用适当的煤炭腐殖质酸物质进行改良。在使用低热值的煤炭腐殖酸物质的前提下，再配合干湿交替的土壤热化过程，就能够很好地为石灰性土壤提供足够的磷，从而达到对土壤进行改良的目的。

4. 机械力化学改良

机械力化学改良法是指利用研磨、压缩、冲击、摩擦等物理作用方式，状合基本金属和氢供体来诱发化学反应的方法。20世纪90年代中期，澳大利亚学者通过高能球磨的方法成功地降解了双对氯苯基三氯乙烷（DDT），从此拉开了机械力化学改良的帷幕。

这种修复方式是利用机械能的作用来促进污染物降解，是一种隔离的异位修复过程。在这个过程中，污染物和基本金属与氢供体反应可以产生有机小分子和金属盐。其中，基本金属主要是铝、锌和铁等碱土金属，氢供体包括醇类、醚类、氢氧化物及氢化物，球磨的介质（土壤、沉积物及液体废物）提供反应的机械能和混合作用。这种方法适用于土壤、沉积物混合的固液相体系。

随着研究的深入，机械力化学改良已经被用来处理高浓度的持久性有机污染物（POP）。该方法在处理过程中并不需要苛刻的外部条件，如高温、高压等，而且是非燃烧处理方法，不会产生二氧杂苣等有毒中间产物，使得该技术成为一种非常有潜力的非燃烧土壤修复方法，并且其在处理其他氯代有机物时脱氯时间短，具有潜在的通用性。

（三）生物改良

1. 植物改良

植物改良是指经过植物自身对污染物的吸收、固定、转化与累积功能，为微生物修复提供有利于修复的条件，促进土壤微生物对污染物的降解与无害化的方法。广义的植物改良包括利用植物净化空气（如室内空气污染和城市烟雾控制等），利用植物及其根际圈微生物体系净化污水（如污水的湿地处理系统等）和治理污染土壤。狭义的植物改良主要指利用植物及其根际圈微生物体系清洁污染土壤，包括无机污染土壤和有机污染土壤。植物改良技术由植物提取、植物稳定、根际降解、植物降解、植物挥发几个部分组成。

重金属污染土壤植物改良技术在国内外首先得到广泛研究，国内目前相关研究和应用已经比较成熟。近年来，我国在重金属污染土壤的植物吸取改良技术应用方面，在一定程度上开始引领国际前沿研究方向，该方法已经应用于砷、镉、铜、锌、镍、铅等重金属的处理工作中，并发展出包括络合诱导强化修复、不同植物套作联合修复、修复后植物处理处置的成套集成技术。这种技术应用的关键在于筛选具有高产和高去污能力的植物，摸清植物对土壤条件和生态环境的适应性。

重金属污染环境的植物改良，往往是寻找能够超累积或超耐受该有害重金属的植物，将金属污染物以离子的形式从环境中转移至植物特定部位，再将植物进行处理，或者依靠植物将金属固定在一定环境空间内以阻止其进一步扩散。而植物改良有机物污染环境的机理要复杂得多，其改良的过程有可能包括吸附、吸收、转移、降解、挥发等。植物根际的微生物群落和根系相互作用，提供了复杂、动态的微环境。已有的研究结果表明，具有发达根系（根须）的植物能够促进根际菌群对除草剂、杀虫剂、表面活性剂和石油产品等有机污染物的吸附及降解。

此外，各种废弃地影响植物定居的因素复杂多变，各种改良物质有其独特的性质和作用，这就要求具体工作时工作人员须慎重，在大规模的野外工作之前，必须对基质做详尽的理化分析和室内模拟基质改良实验。

2. 微生物改良技术

通过微生物的生命代谢活动来降低土壤环境中存在的有毒和有害物质的浓度，或者使其完全无害化的过程，即为微生物改良技术。该技术能够使受到污染的土壤环境部分或者彻底恢复到之前的状态。可以说，微生物在促进植物营养吸收、改善土壤结构、减少或消除重金属毒性及抵抗不良环境等方面起到了至关重要的作用。这也就使得它在植被恢复与重建的过程中被广泛使用。

微生物改良技术主要是利用了微生物接种这一优势来治理和改良复垦区土壤的一项生物技术措施。将微生物接种到植物中，不仅可以有效改善植物的营养条件、促进植物生长发育，还能借助植物中微生物的生命活力，重新建立和恢复原本已经失去微生物活性的复垦区土壤微生物体系，使土壤生物活性得到进一步增强，加速复垦地土壤的基质改良过程，加速自然土壤向农业土壤的转化过程，使生土熟化，提高土壤肥力，从而缩短复垦周期。

微生物改良可分为原位改良和异位。原位土壤生物改良是指采用土著微生物或者注入人工培养驯化的微生物的方法降解有机污染物的方法，其强化方法有输送营养物质和氧气等。异位土壤生物改良是将土壤挖出，异位进行微生物降解的方法。

该法通常在三个典型的系统中进行：①静态土壤反应堆；②罐式反应器；③泥浆生物反应器。其中，静态土壤反应堆是应用最普遍的形式，该方法将挖掘出的土壤堆积在处理场地，嵌入多孔的管子，作为提供空气的管道。为了有効促进改良过程和控制排放，人们通常用覆盖层覆盖土壤生物堆。

微生物需要湿气、氧气（厌氧则无需氧气）、营养质和适合生长的环境因素条件，环境因素包括 pH 值、温度和无毒条件。表 4-2 总结了微生物改良的关键条件。

表 4-2　微生物改良的关键条件

环境因素	最优条件
可用的土壤水	25% ～ 85% 的持水力
氧气	好氧代谢：大于 0.2 mg/L 溶解氧，空隙空间被空气所占应大于 10% 厌氧代谢：氧气浓度应小于 1% 体积
氧化还原电位	好氧菌和特殊的厌氧菌：大于 50 mV 厌氧菌：小于 50 mV
营养	足够的 N、P 和其他营养（建议 C∶N∶P 比为 120∶10∶1）
pH	5.5 ～ 8.5（对大部分细菌）
温度	15 ～ 45℃（对嗜温细菌）

3. 土壤动物改良

在改良土壤结构、增加土壤肥力和分解枯枝落叶层促进营养物质的循环等方面，土壤动物所起到的作用也是非常重要的。土壤动物是生态系统中不可或缺的一个组成部分，它们往往担任着消费者和分解者的角色。因此，如果将一些对土壤有益的土壤动物引进废弃地中，不仅能够使重建的系统功能更加完善，同时还有利于加快生态恢复的进程。

众所周知，世界上最有益的土壤动物之一就是蚯蚓，它在改良土壤结构和土壤肥力等方面可以起到至关重要的作用。在矿山生态恢复的过程中，如果能积极引入蚯蚓，那么在矿山土壤复垦时，不仅能改良废弃地的土壤理化性质，增加土壤的通气和保水能力，同时又可以富集其中的重金属，减少重金属的污染，从而达到矿山废弃地生态恢复持续利用的目的。

4. 生物堆

生物堆与土壤耕作有许多相同之处，如二者都是在地上进行，都不适用于黏土，都需要适宜的温度、湿度、pH 值、通风条件，主要修复污染物都是不易挥发的物质等，然而生物堆是通过具有开缝的管路向土壤中注入空气或者抽提土壤气体，而土壤耕作是通过耕作或犁田的方式进行通气。

生物堆一般高度在 1 ～ 3 m，长度和宽度没有严格的限制，通常需要翻转

80

的生物堆宽度不会超过 1.8 ～ 2.4 m。有的生物堆可能混入动物粪便，既增加了营养物质，又增加了微生物的种类和数量；有的生物堆还会加入石膏、秸秆等，以使生物堆介质保持蓬松；有的生物堆还会加入一些化学药剂，调整土壤的 pH 值至 6 ～ 8，以利于微生物生长。

由于有一些挥发性物质没有经过微生物降解就直接挥发到大气中，因此生物堆使用含有这些物质的空气时，需要收集和处理，一般将生物堆用塑料布覆盖并安装相应的收集管路。当空气通过抽气系统进入生物堆时，挥发性污染物将进入土壤气相，进而可抽出处理。在某些情况下，抽出的气体可以进一步送入生物堆进行降解，更多情况下需要使用活性炭等进一步处理。为了避免生物堆的渗滤液污染地下水，需要在生物堆下安装防渗膜和管路，收集渗滤液以便做下一步处理。

除了具有和土壤耕作相同的优点，如设计和实施较为简单、修复时间短、修复费用低之外，生物堆法所需的土地比土壤耕作法少，能够在封闭系统内进行，可以控制气体的排放，能够适应各种场地类型及石油类污染物。

生物法的缺点：较难达到 95% 以上的去除率；当污染物浓度太高时，如总石油烃浓度高于 5000 ppm 时，该方法也不适用；当土壤中重金属含量大于 2500 ppm 时，会影响到微生物的生长，不利于修复；挥发性有机物主要通过挥发去除，而不是生物降解；尽管所需场地小于土壤耕作，但仍需要大片场地进行修复；修复过程中产生的 VOC 需要处理后再进行排放；当有渗滤液产生时，需要做衬底。

5. 生物反应器

生物反应器方法是指将受污染的土壤挖掘起来和水混合搅拌成泥浆，在接种了微生物的反应器内进行处理的方法。其工艺类似于污水生物处理方法，处理后的土壤与水分离后，经脱水处理再运回原地，处理后的出水可以视水质情况，直接排放或循环使用。该方法适用的情况：①污染事故现场，且要求快速清除污染物；②环境质量要求较高地区；③污染严重，用其他生物方法难以处理的土壤。

这种液 / 固处理法以水相为主要处理介质，污染物、微生物、溶解氧和营养物的传递速度快，各种环境条件便于控制，因此去除污染物的效率高，对高浓度的污染土壤有良好的治理效果，但运行费用较高。

对于被严重污染的土壤，生物反应器修复技术是最佳选择之一。在最终修复污染土壤时，生物反应器也经常被用于确定一种生物策略的可行性和实际可能性。事实上，在淤浆条件下，污染物的损耗率主要取决于在系统中可用的微生物的降解活性，所获得的结果一般会反映实际的生物净化土壤的潜力。

　　生物反应器通过机械搅拌作用将污染土壤与水、营养物质混合，以加强微生物的降解活性。这种方法对于黏土的修复效果比其他修复方法要好，并且速率相对较快。土壤修复中使用的生物反应器主要为浆态床生物反应器（SB），其主要包括污染土壤添加及控制装置、生物反应器主体、净化后土壤操作及处置装置和流程辅助设施四部分，图4-5为该方法的示意图。

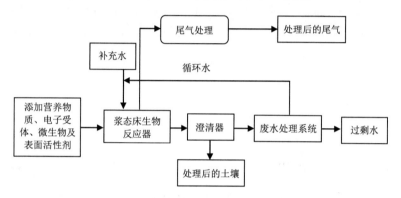

图4-5　生物反应器改良法示意图

　　从操作角度来看，浆态床生物反应器可分为间歇型、半连续型及连续型三种，最常用的是间歇型反应器；从降解过程中的电子受体角度划分为需氧型、缺氧型、厌氧型及混合或联合电子受体型。

　　浆态床生物反应器一般通过机械或者气力混合悬浮液，土壤与溶液固液比为 0.1～0.3。与其他方式相比，其具有的优点为：①增加了传质速率，同时增加了微生物、污染物、营养物质的接触机会；②增加了污染物的生物降解速率；③缩短了修复时间；④可应用不同的电子受体；⑤方便控制温度、pH 值等降解条件；⑥可以有效利用生物刺激与生物添加法；⑦通过添加表面活性剂或者溶剂，能够提高污染物的脱附和可利用性。

　　浆态床生物反应器也存在一些不足，如该过程要将土壤挖掘处理、与其他技术相比反应器的建设和操作费用较高等。尽管如此，与焚烧、溶剂萃取等方式相比，浆态床生物反应器仍是最有效的修复方式。污染土壤进入反应器之前要经过筛分，直径大于 0.85 cm 的卵石、砂石等含有的污染物浓度较低，可直接排放，颗粒较细的黏土、有机质等部分，送入浆态床生物反应器进行处理。污染土壤进入反应器之后与水混合，依据土壤性质和已有研究，固液比值为 0.15～0.6。固液比是决定混合动力、通风效率及后处理设备尺寸的重要因素。

为达到较高的传质速率和土壤的悬浮状态，反应器中需使用混合设备。混合器类型主要有机械搅拌和气力搅拌两种。混合器的选型及尺寸主要依据泥浆的性质及动力学需求。除了混合器的类型外，还需考虑搅拌功率，功率直接影响到操作费用。泥浆浓度越高，所需的搅拌功率越大，相应的氧气传递也越困难。

浆态床生物反应器的一个特色就是容易将操作的环境控制在利于微生物活动的范围内，主要的控制因素有 pH 值、温度、溶解氧、无机盐等。一般将 pH 值控制在 6.75 ～ 7.25，温度为 25℃ ～ 30℃，理想的溶解氧浓度为 90% 饱和溶解度，并且还需要添加必要的 N、P、K 等营养物质。

生物反应器技术可以方便地操作和控制一些环境参数，这些参数可以加速污染土壤的修复过程。

有研究表明，对于某些含有特殊有毒污染物（如有机氯化农药和化合物、硝基有机物等）的土壤，厌氧型生物修复技术有较好的修复效果。很多时候，在污染场地中厌氧或者氧气量较少的条件占主导位置时，厌氧生物修复是最好的选择。

第二节　矿区的固体废弃物治理

一、煤矸石的治理

煤矿固体废物是排放量最大的工业固体废物，具有排放量大、分布广、呆滞性大，环境污染种类多、污染面广、持续时间长的特点。其中，排放量最大、最集中的是煤炭工业的煤矸石。

（一）国外对煤矸石的治理

从 20 世纪 60 年代开始，很多国家就已经开始重视对煤矸石的治理和利用，到了 20 世纪 70 年代，国外的一些矿区对于煤矸石的利用率甚至已经达到了百分之百。其中，英国已经较为系统的对煤矸石进行综合利用，并且在热电转换过程中引入集成节能技术及应用方面进行了研究。与此同时，其他国家也在这一领域投入了很多技术人员，开展了一系列专项研究工作。

近年来，国外的很多地方都开始使用煤矸石来作为建筑材料。例如，苏联在一些较大的产煤地区将这些煤矸石作为原料，采用挤出法或半干法，使其成型，从而制造出实心砖或者空心砖。据统计，使用由煤矸石制成的砖，可减少约 80% 的燃烧消耗，降低 19% ～ 20% 的产品成本。法国、德国等国家的煤矸石利用率为 30% ～ 50%。目前，随着我国环境意识逐渐增强，相关部门每年也都会投入非常多的人力和物力来对矸石山进行治理，并在这个过程中积累了许多较为成熟的经验。

（二）我国煤矸石综合利用途径

1. 利用发热量较高的煤矸石进行发电

经过近几年的发展，利用煤矸石发电技术已经取得了长足的进步。

①适用于煤矸石电厂的循环流化床锅炉掺烧技术取得了很大进步。流化床锅炉技术是煤矸石电厂的核心设备，它的技术水平的高低，对电厂的生产运行情况和企业经济效益有着直接影响。早期建设的煤矸石电厂基本以鼓泡型流化床锅炉为主，这种锅炉热效率低，不利于消烟脱硫。同时，由于矸石发热量低、灰分高、硬度大，锅炉磨损严重，锅炉经常需要停机检修，影响电厂运行。近年来，循环流化床锅炉逐步取代了鼓泡型流化床锅炉，成为矸石电厂的首选锅炉。由于采取了防磨措施，采用了新型耐磨材料，使循环流化床锅炉连续运行时间普遍超过了 2000h。

②一系列环境保护技术，如消烟除尘技术，已经足以满足国家环保方面的相关要求。目前来看，可供煤矸石电厂选择的除尘器有很多种，其中最常用的主要有静电除尘器、布袋除尘器、水磨除尘器、多管旋风除尘器等。在这几个最常用到的除尘器当中，它们都能满足国家环保要求，其中效率最高的是前两种。

③煤矸石电厂大多采用循环流化床锅炉，从目前的工况来看，想要在炉内燃烧的过程当中实现脱硫是一件相对比较容易的事情。通常情况下，如果钙和硫的比例在 15 到 20 之间的话，炉内燃烧过程中脱硫的脱硫率就为 85% ～ 90%，足以达到环保要求。发展煤矸石电厂正作为煤矿石综合利用的一项有效途径，推动着我国可持续发展战略实施。

2. 利用煤矸石生产烧结砖

用煤矸石来代替黏土是目前利用煤矸石的一个主要途径，并且这一技术已经较为成熟。与黏土工艺相比，煤矸石制烧结砖的工艺多了一道粉碎工序。在选择破碎机和球磨机时，应充分考虑煤矸石的硬度和粒径，粉碎之后，还要进行原料陈化，这样做的目的就是使塑性进一步增强。使用煤矸石生产烧结砖时，一般会采用内燃型锅炉，应尽量避免超内燃。

3. 煤矸石在水泥工业中的应用

（1）作黏土代用原配料煅烧水泥熟料

黏土的配料，可以用煤矸石当中的硅质和铝质来代替，并且煤矸石自身所具有的热值也足以降低碳酸钙在分解的过程中所消耗的煤量。一般情况下，煤矸石可以代替30%到40%的煤粉。除此以外，在降低熟料的烧成温度方面，添加适量的煤矸石也会有很大的帮助，不仅如此，适量添加煤矸石还能在生产水泥过程中降低10%左右的燃料消耗。综上所述，煤矸石在水泥工业中的应用可谓是一举多得，从理论上讲，这应该是煤矸石的最佳利用途径之一。

在国内煤矿区的大部分水泥企业目前都已经开始了对煤矸石的利用，但是受到行业、部门等因素的限制，使得这一链条没办法在更大的范围循环起来，再加上不同地区的煤矸石，在组成成分上也会或多或少的存在一些差异，因此如果想要使用煤矸石来作为配料煅烧水泥熟料，除了要满足规定的配比要求之外，还必须要通过实验来做进一步的确定，由此可见，这一因素也对水泥工业有效利用煤矸石有着一定影响。

（2）作水泥混合材料

煤矸石在经过自燃或人工煅烧之后，就会具有轻质高强的特征，这时的煤矸石就可以作为活性混合材料被掺入水泥当中，其与水泥熟料充分混合磨细之后，能起到改善水泥性能的作用。目前，人们需要掌握的关键技术就是确定煤矸石的热活化工艺参数，找到廉价、高效的化学活性剂和表面处理剂，来使煤矸石活化。

4. 利用煤矸石充填复垦及作为路基材料

对于不适合用在工业上的那部分煤矸石，可以用它们来填充一些塌陷区和沟谷，这样做的好处有：①有效解决了煤矸石堆积占地和环境污染问题；②能够复垦造地，增加耕地、建房及修路的面积。除此之外，铁路和公路路基的填料也可以用煤矸石来替代。这一利用途径所用的技术都比较简单，但是煤矸石中存在的少量碳质和一些矿物组分却无法得到充分利用。

5. 煤矸石的其他利用途径

除了上述用途以外，煤矸石的用途还有：①用来生产增白和超细高岭土；②生产无机复合肥和微生物有机肥料；③生产一些化工产品，比如氯化铝、聚合氯化铝等；④生产石棉及石棉制品；⑤生产特种硅铝铁合金、铝合金等。但是，以上这些技术还并不是很完善，还无法大规模进行利用，并且用于工业化生产所需要的一些设备及技术成本都相对较高，因此还需要一些产业政策的扶持。

二、尾矿的治理

在选矿过后，大多数金属和非金属矿石才能被用于工业，在选矿的过程中，还会排出相当数量的尾矿。可以说，尾矿是工业固体废弃物的一个主要组成部分，大量尾矿的堆积，在造成土地浪费的同时，还严重污染和危害到人们生活的环境。除此之外，随着人们对矿产资源的不断开发和利用，矿石资源逐渐贫乏，这也使得尾矿成了制约矿山可持续发展的重要因素。据统计，我国目前年采矿量已超过 50 亿 t，尾矿排放量在 2000 年就达 6 亿 t，仅金属矿山堆存的尾矿就有 50 余亿 t，并以每年 4～5 亿 t 的排放量剧增。因此，尾矿的综合利用对我国资源利用率的提高有着非常重要的经济和社会意义。

（一）尾矿再选和有价元素吸收

单一矿少、共伴生矿多是我国矿产资源的一个重要特点。受技术、设备及以往管理体制的影响，使得一些矿山的选矿回收率过高，矿产综合利用程度不足，现已堆存甚至正在排出的尾矿中含有丰富的有用元素，尾矿中含有的多种有价金属和矿物未得到完全回收。目前，由于技术设备的改进，有许多矿山已经开始对尾矿进行再选，回收利用其中的有价组分。

（二）尾矿用作建筑材料

从 20 世纪 80 年代开始，我国就已经着手研究如何将尾矿用于建筑生产。目前国内已经开始利用尾矿作混凝土骨料、筑路碎石、建筑用沙、建筑陶瓷、微晶玻璃等，可以说，在这些方面，尾矿的利用率是非常大的，但其不足之处就是附加值相对较低。此外，尾矿还可用于烧结空心砌砖和高档广场砖，这一用途不仅成本比较低，而且市场效应也比较好。

（三）尾矿用作采空区填充料

直接对尾矿进行利用的一个有效途径就是填充采空区。这种利用方法的优点就是可以就地取材，所用到的工艺也非常简单，最大限度地减少了充填成本及整个矿区的生产成本，同时还能够提高回采率，使矿石的贫化率和损失率在很大程度上有所降低。目前，尾矿充填技术已经被很多矿山使用。除此之外，还可以利用尾矿充填露天采坑或低洼地带，再造土地。

（四）尾矿用作土壤改良剂及微量元素肥料

尾矿中往往含有一些能够维持植物生长和发育必需的微量元素，如 Zn、Mn、Cn、Mo、V、B、Fe、P 等。在对尾矿进行磁化处理之后，将其施入土壤，能够在提高土壤磁性的同时，使土壤中磁团粒的结构发生变化，特别是能够改善土壤的结构性、空隙度及透气性。

（五）尾矿用于复垦植被

1988 年 11 月，国务院颁布了《土地复垦规定》，其中规定了"谁破坏谁复垦"。这一规定出台，引起了有关部门的重视，有力地促进了矿山土地复垦工作的开展并且在尾矿库的复垦植被方面也取得了较大进展。

（六）尾矿用于建立生态区

加拿大铁矿公司（IOC）联合政府部门和环保组织针对尾矿的管理问题编制了相关方案，尾矿生态化计划（TBI）也就由此确立。这一计划就是人为地在一些尾矿排放区域建造陆地和人工湿地，同时种植不同品种的当地植物，使矿区的周边环境得到进一步优化和改善。

我国这些年来一直都非常重视和关注一些大中型矿山企业尾矿的二次开发和利用情况，但由于我国的采矿技术要比发达国家落后许多，使得尾矿中很多有用的组分都被浪费，因此造成的损失也是非常巨大的。尾矿中除了含有一些贵金属、有色金属和黑色金属以外，还有大量的非金属材料。因为，为了避免严重的浪费，就必须要对这些有用组分进行充分利用。

提高生产效率最有效、最有前景的一个方法就是开展对尾矿的综合利用，同时这也是选矿厂向少尾矿和无尾矿工艺过渡的捷径。少尾矿和无尾矿工艺在提高了矿山企业的市场适应能力和经济效益的同时，还解决了刻不容缓的生态环境问题，并产生了巨大的经济效益。

三、矿区固体废弃物治理存在的问题

①由于固体废弃物生产量大、服务周期也比较长、堆浸渣量也相对比较大，使得废石场占据了非常大的面积，甚至有的废石场都已经足以改变当地山沟的地形和地貌。不仅如此，固体废弃物还严重破坏了地表植被，使得原本植被茂密的自然山沟荡然无存，原来的地表径流方向也被改变，在很大程度上降低了地表对径流的调节能力，使当地生态环境急剧恶化。

②大量的废石被松散的堆放到废石场之后，由于结构不够紧密，一旦处置

的不够妥当，在雨水的冲刷之下，就会形成泥石流，这将会给下游的矿区带来非常大的安全隐患。

③由于废水处理站在处理一些酸性废水和含氰废水时，往往会用到石灰和漂白粉，中和之后的废渣中就会含有很多富含铜、铅、锌的重金属，这些重金属都属于危险废物，并且年产量还非常之大。

总之，矸石与尾矿资源化是保持矿业可持续发展的必然选择，也是保护自然资源、保护矿山环境的主要内容。改善矿山生态环境、缓解矿产资源供需紧张矛盾的有效途径之一就是对矿山固体废弃物进行二次开发和利用。目前在这一方面，我国已经取得了一些成就，但与发达国家相比还存在着一定的差距，因此矿山企业要建立与市场经济接轨的固体废物管理与运行机制，走产业化道路，发展中国的矿山经济，改善矿山环境。

第五章 矿区废弃地的植被修复

矿区废弃地由于受采矿活动的剧烈扰动，不但丧失了天然表土特性，而且还具有众多危害环境的极端理化性质，是持久而严重的污染源。对其进行植被修复时，尽量选择当地优良的乡土树种作为先锋树种，还要适当引进外来速生树种，要选择抗旱、抗寒、耐贫瘠并且对有毒有害物质耐受范围广的树种。本章分为矿区废弃地的植被修复技术和矿区废弃地的植被修复模式两部分内容。

第一节 矿区废弃地的植被修复技术

一、矿区废地植被修复的程序

（一）制定目标

矿区废地植被修复规划常用的逻辑方法基本上可以分为以目标为导向和以问题为导向两类，当然，大多数规划实践和类型都会灵活运用这两类方法，既有前者，也需要后者，只是侧重点不同。对于矿区废地植被修复来说，虽然是面对生态环境存在的种种问题所进行的解决和改善，但是这些策略和手段的运用背后，究竟该达到什么样的效果，或者说如何来判断这些规划策略与空间干预的手段是否达到效用，这就需要一个明确的目标来衡量规划过程的实效。因此，矿区废地植被修复工作的开展，应当围绕矿区废地发展目标、矿区废地原有定位，明确矿区废地植被修复对于实现未来城市目标的积极作用，明确其在生态方面的重要价值。

（二）明确任务

矿区废地植物修复要以问题为导向，要对城市问题进行综合分析，诊断矿区废地的生态、空间、风貌、设施等方面的问题，研究各个层面与各个版块问题的起源、因素及重点和难点，明确各个环节的迫切性，选取最为突出和民生关注度最高的问题，合理安排工作重点，以保证规划设计的可操作性。人们面向更广阔的地域，结合具体情况，解析现状，并进行针对性研究，再提出对应解决方案，从而做到有的放矢。

（三）总体规划

矿区废地植被修复工作涉及面广，涵盖了设计、实施、建设、管理等诸多环节，各类工作之间相互关联性强，需要统筹协调，系统地开展工作。首先系统统筹，形成矿区废地植被修复总体规划；然后分项、分类编制方案，针对不同项目分步骤、逐步落实，并建立相应的管理和监督负责等机制。针对具体存在的问题，系统梳理、总体统筹制订行动步骤和实施重点；专项规划要制订更为详细和深入的实施细则，在矿区废地植被修复总规划的基础上，结合以往专项规划成果，针对各类问题，深入剖析，确定措施和相应的实施方案。

（四）行动方案

矿区废地植被修复内容庞大，覆盖面广，其具备系统化的特征，还有"总体规划＋分项规划"的成果编制，这在一定程度上说明了这项工作在规划研究和编制层面的长效性特征。由于矿区废地植被修复规划具有更加明确的目标导向和更为具体的实施要求与效用，所以从规划的实施性来讲，它比一般规划具有更长的实施周期和更为周全的过程性要求，并且作为我国城市化转型期的重要规划创新，它所具有的示范效应不仅仅体现在规划技术变革方面，更体现在规划工作方法的创新上，这种工作方法需要地方相关部门的长期配合与管理。

矿区废地植被修复是一项历时较长且面向实际的复杂工程。它囊括了多个专项规划，需要多种专业和多个层面的工作人员集体配合，其是一项耗时耗力且成本不低的庞大项目。在开展矿区废地植被修复的过程中，人们应当且一定要遵循的基本原则就是经济适用，不铺张浪费，要让每一份力、每一次做功的收益尽可能最大，集约化利用资源、人力，避免劳民伤财的面子工程，实事求是开展工作，使"城市修补、植被修复"成为一项物超所值的城市改善工作，而不是给城市带来负担的政绩工程，要讲求实效，禁止浪费。

二、矿区废地植被修复工程

由于植被对矿区废地生态系统的稳定起到关键作用，对矿区废地植被破坏的修复，一般采用保护优先、防治为本、修复辅助的原则，将山区植被划分为植被保护区、植被防治区和植被修复区，根据不同分区分别采用绿化基础工程、植被工程、植被管理工程等，恢复其生物多样性及生态系统服务功能。

（一）绿化基础工程

绿化基础工程是指把不适宜植物生长发育的环境改变为适宜植物生长发育、创造植物生育理想环境的工程，旨在确保生育基础的稳定性，改良不良的生态环境，缓和严酷气象条件和立地环境。其具体措施包括排水工程、挡土墙工程、挂网工程、坡面框格防护、柴排工程、客土工程和防风工程等。

（二）植被工程

植被工程是播种、栽植或促进自然侵入等植被恢复技术的总称，包括从种子开始引入植物的播种工程，通过栽植而引入植物的栽植工程，还有促进植被自然入侵的植被诱导工程。

（三）植被管理工程

植被管理工程是指帮助修复过程中所引种的植物尽早稳定地接近目标群落规模，并且发挥群落环境保护功能而进行的工作。其具体内容包括培育管理、维持管理、保护管理。

三、植被修复的基本原则

（一）最大限度降低对外来物种的依赖

当地物种经过数千年的进化，已经适应了当地的各种条件。生态系统中的不同物种对资源的利用是相互关联的；共享生态系统的不同物种对资源的利用有着错综复杂的平衡，任何在当地条件下生存下来的外来物种，都有可能打破这种平衡，直接杀死当地植物或者与当地植物争夺空间和养分。当地植物种群大量减少的时候，依赖当地植物提供适宜的食物和栖息地的许多其他物种（如鸟类、哺乳类、无脊椎动物和菌类）也将减少甚至消失，这将降低生态系统抵御病虫害暴发的能力。外来物种的危害前面已经讲述，但人们需要注意的是，"当地"不是一个行政范围概念。中国拥有许多不同的生物群系，在中国分布的大多数物种并非自然地分布于全国范围。当地物种是自然生长在特定的生物地理区域中的物种；不是所有在中国分布的物种在中国任何一个特定位置都是"当地"的。

（二）以形成适宜的顶极植被为目的

天然植被可以使水分有效渗透到土壤中，利于水土保持。恢复退化景观的目的应该是尽可能再造原始的、天然的植被类型（即森林、灌木林、草原）。生态系统成分的任何改变，都会改变并削弱原始生态系统的功能。例如，中国高原地区的天然植被是草原和灌丛，种植柳树杨树或其他的树木是不符合科学原理的。这种情况下，最好的恢复方法是用良好配比的当地草和灌木物种，将这些土地恢复到退化以前的样子，恢复后的植被必须要有充分代表性的各个林层，这些林层可以包括灌木和竹丛层、草本植物和苔藓层及落叶层。

顶极生物群落的特征是其不仅有林冠植被而且有林下层。我国许多地方，天然林的林冠层以针叶树占优势，但是通常总是由阔叶树或竹子组成的林下层。因此，生态恢复的时候应当保证新的森林拥有上下两层的物种。人们应该制订计划采集野生种子并建立必要的苗圃。

在进行植被恢复时，应该在森林中形成厚厚的落叶层、苔藓层、竹林层或浓密的地表植被。人工林因为林下太暗，自然抑制了下层植被生长，其保护土壤和水分的能力通常也较差，树根暴露在外，清楚地表明水土流失严重，许多人工林的结构都需要进行改良。

（三）提高异质性，遵循自然演替途径

由于人类干扰，中国大部分土地已经从顶极生态系统退化到了各种不同的演替阶段。植物群落的演替是长期的过程，但在人类持续干扰下，植被始终停留在早期阶段，甚至进步退化。因此，人们应提高其异质性，遵循自然演替途径。

（四）优先保护现有天然生态系统

有关部门应该系统地规划中国的保护区系统，使其覆盖所有类型的天然植被，还需要加强对这个系统的管理，确保生态系统的完整性，并使其功能得到保持和恢复。真正的自然保护区不应该是狩猎捕鱼、采集、采伐或放牧的地方。未受干扰的溪流和江河对于周围生态系统的功能也很重要。确保保护区管理的目的是保护生物多样性。自然保护包括防止陆地和水生生境受到破坏，禁止人们采集或狩猎野生物种。这就要求大众的自然保护意识和能力全面提高。

（五）恢复植被中物种之间的生态交互作用

天然林有富含土壤生物（蚯蚓、跳虫、蚂蚁、白蚁、穴居蜥蜴与哺乳动物等）

的生物区系，从而增加了土壤层的空气流通提高了土壤的渗透性与肥力。经济林地面有时由于土壤板结，可以渗入的水很少，而草本植被可以改善这种情况。此外，深根和浅根树木相结合增强了水的渗透力，使其可以浸入土壤和下层岩石中。大多数人常清除树下的杂草，因为他们认为杂草会与树木争夺水肥，但是这样做的结果却增加了水土流失。事实上，草本植物对树木的负面影响很小，有些豆类植物可以通过固氮作用来增加土壤营养发展生态林业。人们需要了解森林中动物所起的多样而复杂的作用，如种子传播者和授粉者，或者控制害虫传播的媒介等。了解不同物种的需要人们就可以采取简单的森林治理措施，来加速自然再生过程。

（六）通过封山育林育草扩展天然生态系统

在恢复植被和生态保持方面，十分重要的措施是要建立更多自然保护区，在重点地区严格贯彻保护措施。例如，海岸带、江河源头地区（高山湖泊和溪流）、具有保水海绵功效的森林地带（森林的核心地区）和饮用水水源区（水库）等。人们并不一定需要建造围栏来封闭土地，但需要建立法规来严格禁止采伐、樵采、焚烧植被和放牧家畜等行为。有蹄类动物可能吃掉幼树和其他植物，阻止其再生。有蹄类动物踏出的小径会发展成侵蚀沟壑，使表层土壤松散，大雨时则会被冲走。因此，这样的动物应该限制在牧场或围场中。

封山之后植被物种多样性和地表生物量都会明显增加。树木的自然再生对森林的恢复十分重要。灌木和矮灌木林生态系统中，时常散生着树木或幼苗，在被保护条件下，自然再生的森林区域通常有多物种组分和由林冠层、林下灌木层和草本层组成的垂直结构。它们通常有大量朽木和枯枝落叶，这有利于改善林地条件，并促进其进一步恢复。封闭对草原的生态恢复也有很好的效果。"退耕还林、还草"是中国西部大开发战略的重要措施。

四、植物的选择

（一）树种选择

矿山废弃地植物种类的选择要坚持"适地适树"的原则，以本地树种为主，适当选用经过多年引种和驯化的外来植物品种，以增加生物多样性和生景观的多样性。选择的树种要有利于矿区的水土保持和土壤改良，要优先选择抗干旱和耐贫瘠的树种；要考虑乔灌草植物品种的综合利用，尤其要考虑优良的灌木树种在植被的防护和土壤改良功能方面的特点，它们是植被群落结构中不可缺

少的一个层次，可以使矿区废弃地提早郁闭，加快绿化和生态恢复的速度，并具有保持水土的作用

（二）植被恢复过程中的整地措施

整地措施包括场地平整、覆盖表土等，一般的，根据土壤风化程度和种植植物品种的不同，有无覆盖、薄覆盖和厚覆盖三种表面覆盖方式，具体选用哪种方式主要取决于技术和经济两个重要因素。除平整、覆土措施外，整地措施还包括对酸碱土壤的中和、树木种植时提前挖穴等。

（三）植物栽植技术

草本植物一般采用播种方式。为了保证草种的发芽率，目前大多采用喷播技术。木本植物大多采用栽植技术，常用的栽植技术有覆土栽植技术、无覆土栽植技术、抗旱栽植技术（保水剂技术、覆盖保水技术）、容器苗造林技术、ABT生根粉技术等。

五、破坏山体植被恢复树种选择及其抗旱性

（一）不同破坏山体类型造林绿化及植被恢复适宜树种

1.青石山造林绿化及植被恢复树种

（1）乔木

乔木包括侧柏、圆柏、龙柏、麻栎栓、皮栎、榆树、桑树、臭椿、黄连木、核桃、板栗、构树、青桐、山楂、杜梨、山杏、山桃、乌桕、国槐、龙牙檽木、刺槐、黄栌、火炬树、栾树、君迁子、柿树、皂角、苦楝、白蜡、华北五角枫、紫叶李、女贞、车梁木等，可植于采石坑迹地平台、尾矿库绿化平台、路边及采坑周边废弃荒山等稳定的地方。

（2）灌木

灌木包括铺地柏、胡枝子、紫穗槐、花椒、连翘、荆条、金银花、卫矛、大叶黄杨、小叶黄杨、木槿、紫叶小檗、酸枣、榆叶梅、锦鸡儿、扁担杆子、枸橘等，主要栽植于岩体坡面、采坑周边及废弃荒山上，并可与草本配合使用，组成灌草一体的恢复方式。

（3）藤本植物

藤本植物包括五叶地锦、爬山虎、山葡萄、葛藤、扶芳藤等，适用于岩体及破坏山体坡面的垂直绿化。

（4）草本

草本植物包括紫花苜蓿、沙打旺、草木樨、黑麦草、高羊茅、无芒雀麦、结缕草等，可用于采坑迹地平台、采坑周边、公路沿线等场所的绿化及植被恢复。

2.砂石山造林绿化及植被恢复树种

（1）乔木

乔木包括白皮松、黑松、油松、赤松、雪松、华山松、龙柏、核桃、板栗、桑树、构树、麻栎、栓皮栎、榆树、杨树、青桐、山楂、杜梨、山杏、山桃、国槐、龙牙檬木、刺槐、黄栌、火炬树、盐肤木、栾树、君迁子、柿树、皂角、臭椿、苦楝、白蜡、黄连木、华北五角枫、紫叶李、女贞、车梁木等，可植于采石坑迹地平台、尾矿库绿化平台、路边及采坑周边废弃荒山等稳定的地方。

（2）灌木

灌木包括铺地柏、胡枝子、紫穗槐、花椒、连翘、荆条、金银花、卫矛、大叶黄杨、小叶黄杨、木槿、紫叶小檗、榆叶梅、锦鸡儿、扁担杆子、枸橘等，主要栽植于岩体坡面、采坑周边及废弃荒山上，并可与草本配合使用，组成灌草一体的恢复方式。

（3）藤本植物

藤本植物包括五叶地锦、爬山虎、山葡萄、葛藤、扶芳藤、蔷薇等，适用于岩体及破坏山体坡面的垂直绿化。

（4）草本

草本植物包括紫花苜蓿、沙打旺、草木樨、黑麦草、高羊茅、无芒雀麦、结缕草等，可用于采坑迹地平台、采坑周边、公路沿线等场所的绿化及植被恢复。

3.混合山体造林绿化及植被恢复树种

混合山体类型兼具青石山和砂石山两种岩体类型，具备两种岩性的典型特征，为此，两种岩体下的植物种均适用于混合山体造林绿化及植被恢复。

（二）树种抗旱性分级

人们要结合盆栽试验及各个示范点的环境特征、植物的生长特性、抗旱能力按照因地制宜、适地适树、可持续经营的原则，选择树种。各树种按抗旱性分为以下几种。

1.乔木

其包括白皮松、黑松、油松、赤松、雪松、华山松、侧柏、圆柏、龙柏、核桃、板栗、桑树、构树、麻栎、栓皮栎、榆树、杨树、青桐、山楂、杜梨、山杏、山桃、乌桕、国槐、龙牙槭木、刺槐、黄栌、火炬树、盐肤木、栾树、君迁子、柿树、皂角、臭椿、苦楝、白蜡、黄连木、华北五角枫、紫叶李、女贞、车梁木等，可植丁采石坑迹地平台、尾矿库绿化平台、路边及采坑周边废弃荒山等稳定的地方。

2. 灌木

灌木包括铺地柏、胡枝子、紫穗槐、花椒、连翘、荆条、金银花、卫矛、大叶黄杨、小叶黄杨、木槿、紫叶小檗、酸枣、榆叶梅、锦鸡儿、扁担杆子、枸橘等，主要栽植于岩体坡面、采坑周边及废弃荒山上，可与草本配合使用，组成灌草一体的恢复方式。

3. 藤本植物

藤本植物包括五叶地锦、爬山虎、山葡萄、葛藤、扶芳藤、蔷薇等，适用于岩体及破坏山体坡面的垂直绿化。

4. 草本植物

草本植物包括紫花苜蓿、沙打旺、草木樨、黑麦草、高羊茅、无芒雀麦、结缕草等，可用于采坑迹地平台、采坑周边、公路沿线等场所的绿化及植被恢复。

在种植时必须遵循山地植被的演替规律，要先草后木，草、灌、藤、木合理搭配。

六、人工播种造林绿化

直播是将林木种子或草种直接播种在造林或种草地上进行植被恢复的方法。这种方法省去了育苗工序，而且施工容易，便于大面积进行。直播应选用种子发芽容易、种源充足的树种或草种，如栎类、核桃、山桃、山杏等大粒种子或紫花苜蓿、沙打旺等草种。直播方法有撒播、穴播、条播等。播种前要进行种子处理，播后要进行管理。

（一）播前的种子处理

播前种子处理的目的是完成种子发芽准备，加速种子发芽，缩短留土时间，保证出苗整齐，预防动物及病虫害的危害，常用措施有消毒、拌种、浸种、催芽。春播时深休眠种子要浸种催芽，但是如果造林地比较干旱，晚霜与低温危害严重则不宜浸种。雨季一般播种干种子，如果能准确掌握雨情，也可浸种。秋季播种时一般都不浸种、催芽。病虫害危害严重的地方应进行消毒液浸种、闷种或拌种。

（二）播种方法

1. 撒播

撒播是均匀地撒播种子到造林地的方法。使用该方法一般不整地、播种后不覆土，种子在裸露条件下发芽。该方法工效高，成本低、作业粗放，但是种子易被植物截留、风吹或水流冲走，鸟兽吃掉，且发芽的幼苗根系有时很难穿透地被层，适用于荒坡、采坑边缘及边坡的裂隙，选用的种子多为中小粒的灌木或草本植物种子。

2. 条播

条播就是按一定的行距进行播种的方法。播种时可播种成单行也可双行连续或间断。播后要覆土镇压。该方法适用于采坑坑底、覆土后的弃渣场、尾矿库绿化平台等。选用的种子多为灌木树种、乔木或草种等。

3. 穴播

穴播是按一定的行、穴距播种的方法。人们根据树种的种粒大小，每穴均匀地播入数粒到数十粒种子，播后覆土镇压。该方法操作简单、灵活、用工量少，适用于各种立地条件，特别是在破坏山体采坑边缘、周围荒坡及荒山。该方法大、中、小粒径的种子都适用。

4. 组团簇播

在小范围内，挖取 5 个小穴，在每个穴内穴播一种植物，每穴内播种数粒或十数粒种子的方法被称为组团簇播。组团簇播可形成群体效应，能加快植被恢复进程。

七、植被修复技术

（一）植物固定

其就是利用植物及一些添加物质使金属矿区土壤中的金属流动性降低，生物可利用性下降，使金属对生物的毒性降低。有学者研究了植物对土壤中铅的固定情况，发现一些植物可降低铅的生物可利用性，缓解铅对环境中生物的毒害作用。然而植物固定并没有将土壤中的重金属离子去除，只是暂时将其固定，使其对环境中生物的毒害作用减小，没有彻底解决土壤中的重金属污染问题。如果土壤条件发生变化，金属的生物可利用性可能又会发生改变。因此植物固定不是个很理想的去除环境中重金属的方法。

（二）植物挥发

植物挥发就是利用植物去除矿区土壤中的一些挥发性污染物的方法，即植物将污染物吸收到体内后又将其转化为气态物质，释放到大气中，以降低土壤污染。例如，湿地上的某些植物可清除土壤中的硒。

（三）植物吸收

植物吸收就是利用能耐受并能积累金属的植物吸收土壤中金属离子的方法，其是目前研究最多并且最有发展前景的一种利用植物去除土壤中重金属的方法。植物吸收需要能耐受且能积累重金属的植物，因此研究不同植物对金属离子的吸收特性，筛选出合适的植物是研究的关键。根据美国能源部规定，能用于植物修复的，最好的植物应具有的特性为，①即使在污染废物浓度较低时也有较高的积累速率；②能在体内积累高浓度的污染物；③能同时积累几种金属；④生长快，生物量大；⑤具有抗虫抗病能力。经过不断的实验室研究及野外实验，人们已经找到了一些能吸收不同金属的植物种类及改进植物吸收性能的方法，并逐步向商业化发展。

八、植苗造林技术

植苗造林应用的苗木，主要是播种苗（实生苗）、容器苗和移植苗。植苗造林后，苗木能否成活，关键在于苗木本身能否维持水分平衡，因此在造林过程中的各个环节都要避免苗木失水过多，最好是随起苗随栽植，尽量缩短时间，各环节要保持苗根湿润，当天栽不完时要假植，一些常绿树种可修剪枝叶、修除过长主根。大苗栽植时应带土球。容器苗因其带有一定的基质，能保证根系的不受损伤而被广泛应用。容器苗栽植时也应随造随运随栽，在运送前要保证苗木湿润，以提高造林成活率。

植苗造林时要严格按照"三埋二踩一提苗"的规程，栽植前挖穴，保证根系在穴内舒展，穴深根据苗木规格而定，一般为 0.3 ～ 0.5 m，大苗可采用 0.6 ～ 1 m。把苗放入穴中心，将根系舒展后填土，填土到一半时轻提苗木，使根系舒展（但不可埋得过深，此时将苗木提上一大截，会使苗木的根系呈拖把状，影响根系生长）。苗木栽植深度一般要在根茎以上 2 ～ 3 cm。易发生萌蘖的苗木栽植深度可达苗茎的1/2，这有利于抑制萌蘖。栽种时要边填土边打紧，使苗木根、系与土壤接触紧密，以利于根系吸收水分。最后要盖上一层松土并培成馒头形，以减少土壤水分蒸发同时避免穴内积水而导致根系腐烂。

造林宜在春季和雨季进行，造林的顺序一般为先栽落叶树种，后栽常绿树种。

九、封育恢复植被技术

封育就是采取封禁，减少人、畜等外界因素对林地的干扰，以恢复植被和促进林木生长的措施。封山育林是利用植被的更新能力，在自然条件适宜的山区，实行定期封山，禁止垦荒、放牧、砍柴等人为的破坏活动，以恢复植被的一种方式。根据实际情况，其可分为"全封"（较长时间内禁止一切人为活动）"半封"（季节性的开山）和"轮封"（定期分片轮封轮开）。这是一种投资少、见效快的植被恢复方式。

封山育林育草是加速破坏山体绿化和植被恢复的关键措施，具有用工少、成本低、见效快、效益高等特点，对加快绿化速度，扩大森林面积，提高森林质量，促进社会经济发展发挥着重要作用。在破坏山体造林绿化后，首先要全封，即封育期间不得进山樵采、放牧割草、挖药材、挖野菜等活动，尤其重点保护那些在石缝间生长的植物；然后3～5年后可采用半封的方式，即在林木主要生长季节实施封禁，其他季节，在不影响植被恢复，严格保护目的树种幼苗、幼树的前提下，可在适当季节有计划、有组织地进山采收林副产品。

封育措施主要应用于破坏山体初期造林绿化及植被恢复阶段，等植被恢复起来，便可有计划地进行开发利用，甚至作为森林公园、公共绿地等场所使用。此外，封育更多地被运用于破坏山体周边荒山荒坡受损植被的恢复与更新工作。

十、造林绿化及植被恢复

造林绿化及植被恢复模式配置关键是依据立地类型，选择合适的立地综合整治技术，结合适宜的植物种类进行植被配置。配置时不仅追求绿化效果，而且要力求体现景观、美化、香化等多元化效果，同时依据不同的立地类型，进行了从采坑迹地平台、坑底边缘到峭壁、边坡及周边荒坡，从整地技术、植物材料选择、配置模式直到后期管理的一系列技术整合。相关学者针对不同立地类型因地制宜地提出了适宜不同立地类型的造林绿化与植被恢复模式。其中，二次定点爆破造穴客土回填造林模式为一大创新。除此之外，抚育管理关键技术则包括松土除草、浇水、施肥、林地管护和有害生物防治等措施。

第二节　矿区废弃地的植被修复模式

一、采石坑迹地坑底（平台）绿化模式

（一）采石坑迹地平台覆土／覆渣穴状造林绿化模式

针对青石山类型采石场采坑迹地平台内缺乏土壤的特点，在平台内部可使用覆土或覆渣穴状造林模式，覆土或覆渣厚度大于 50 cm，品字形配置。造林树种主要有国槐、桃叶卫矛、栾树、黄栌、白蜡、华北五角枫、大叶黄杨、桃树、圆柏、小叶女贞等，同时在树下种植花草，形成乔灌草花一体化绿化模式。

根据具体种植模式，其又分为大苗造林常规苗造林等模式。各树种的种植规格、生长状况及成活率见表 5-1。

表 5-1　采石坑迹地平台覆土／覆渣穴状造林绿化模式树种生长状况

树种	植穴规格（m×m）	覆土厚（cm）	密度（m×m）	树高（m）	地／胸径（cm）	冠幅 NS	冠幅 EW	成活率（%）	郁闭度（%）	草本盖度（%）
国槐	0.8×0.8	60	2×2.5	3.44	5.64	2.16	2.28	100	85	86
桃叶卫矛	0.5×0.5	＞50	2×2	1.79	4.72	1.27	1.26	100	70～85	95
栾树	1.0×1.0	＞50	2×3	5.30	7.47	2.50	2.73	92	70～85	50
黄栌	1.0×1.0	＞50	2×2.5	3.02	6.74	2.46	2.67	96	80～90	5
白蜡	0.6×0.6	＞50	1×1	3.90	4.23	1.55	1.78	92	90～95	5
华北五角枫	0.6×0.6	＞50	1×1	2.42	3.28	1.57	1.58	96	90～95	5
大叶黄杨	0.5×0.5	＞50	1×1	0.73	—	1.18	1.22	90	—	90
桃树	1.2×1.2	＞50	2×2.5	1.89	15.26	2.36	2.46	76	50	10
圆柏	1.2×1.2	＞50	2×2.5	2.10	1.81	0.85	0.93	97	40	10
龙柏	0.8×0.8	40	1.5×1.5	2.87	4.38	0.53	0.74	100	44	95
黑松	0.6×0.6	20	2×2	1.37	2.52	0.77	0.68	33	40	96.3
紫叶李	0.6×0.6	＞30	2×3	1.90	4.40	1.54	1.51	100		92
小叶女贞	0.5×0.5	＞50	2×2	1.35	—	1.07	0.86	100	30	95

上述树种在采石坑底呈块状混交造林，其中白蜡、华北五角枫、大叶黄杨为密集式造林，密度为 1m×1m，因白蜡、华北五角枫密度大，遮阴强烈，树

下很少有草被生长，大叶黄杨下则种植了花草，整体的覆盖率达到 90%。而采用大苗造林的桃树和圆柏成活率明显降低，分别为 76% 和 67%。种植在坑底洼地的黑松，可能受到水淹的影响，仅有 33% 的成活率。

（二）采石坑迹地平台穴状 / 鱼鳞坑整地造林模式

采石坑迹地为碎石，内含少部分土壤。对于此类迹地，可直接采取穴状或鱼鳞坑整地植苗造林，植穴规格为 50 cm×50 cm×50 cm，穴内可栽植杨树，株行距为 3 m×4 m，品字形配置。或在坑底营造黑松，造林密度为 2 m×2 m，品字形配置，其生长状况见表 5-2。

表 5-2 采石坑迹地直穴与鱼鳞坑整地杨树生长状况

植物名称	整地方式	树高（m）	胸/地径（cm）	平均冠幅（m） NS	EW	树龄（a）	保存率（%）	郁闭率（%）	草本盖度（%）
杨树	植穴	9.66	13.59	2.64	3.21	7	68.75	65	32
杨树	鱼鳞坑	8.71	12.06	2.21	2.76	7	65.88	62	37
黑松	植穴	1.37	2.52	0.77	0.68	2	33.00	40	96

（三）采石坑迹地平台边缘攀缘植物绿化岩面模式

在采石坑迹地平台边缘，覆土后沿边缘每隔 1.5 m 穴状整地栽植五叶地锦、爬山虎等攀缘植物，使之沿采坑壁面上攀，这是岩面的一种绿化模式。藤本植物在幼龄阶段的幼基生长速度很快，每天可伸长 4cm 以上，岩面的有效复绿率在 90% 以上。

（四）岩体爆破填充迹地平台覆土造林模式

对于采坑高大的迹地平台，采用整体爆破残留岩体，将碎石碎渣填充在迹地内，形成平整坡面，然后全部覆土穴状造林，覆土厚度为 40～60 cm，植穴规格为 50 cm×50 cm×50 cm。造林树种有侧柏、白蜡、桑树、连翘、枸杞、紫穗槐等，密度为 2 m×3 m。各树种的生长状况见表 5-3。

表 5-3 蓬莱山虎山岩体爆破填充迹地平台覆土造林生长状况

植物名称	树高（m）	胸/地径（cm）	平均冠幅（m） NS	EW	树龄(a)	保存率（%）	郁闭率（%）	草本盖度（%）
侧柏	3.12	4.62	1.78	1.76	8	98.6	50	95
白蜡	4.96	4.25	1.68	1.77	5	95.6	80	40
桑树	2.83	3.68	1.82	1.52	5	94.2	60	40

植物名称	树高（m）	胸/地径（cm）	平均冠幅（m）		树龄(a)	保存率（%）	郁闭率（%）	草本盖度（%）
			NS	EW				
连翘	1.68	—	1.62	1.65	5	100.0	—	50
枸杞	1.35	—	1.24	1.31	5	60.2		50
紫穗槐	1.02	—	0.62	0.81	4	98.5	96	90

（五）迹地平台覆土直播造林种草模式

在采坑坑底平台内部覆土（厚度大于 50cm）并穴状营造黑松后，为提高生物多样性及生物群落的稳定性，人们往往会混播阔叶树种和牧草，混播的阔叶树种为山桃、山杏、麻栎、乌桕，采用穴状直播，播前对种子进行预处理。同时在黑松下混播紫花苜蓿、沙打旺、草木樨、黑麦草高羊茅等牧草（表 5-4）。通过直播牧草可使地面被迅速覆盖，防止水土流失，改善土壤结构，培肥土壤，促进黑松快速生长。烟台两甲山采用此种模式进行造林绿化与植被恢复，取得了良好的效益。

表 5-4　采坑坑底平台覆土直播造林种草生长状况

树种	平均树高（m）	冠幅（m）		成活率（%）	植被覆盖率（%）
		NS	EW		
山杏	0.80	0.42	0.25	96.5	96
山桃	1.31	0.78	0.73	95.8	96
麻栎	0.67	0.62	0.42	98.0	96
乌桕	0.45	0.25	0.31	98.5	96
苜蓿	0.62	0.62	0.58	100	99.5
沙打旺	0.65	0.65	0.72	100	96.5
草木樨	1.25	0.45	0.62	100	95

二、边坡造林绿化与植被恢复模式

（一）边坡坡脚浆砌石挡墙客土造林绿化模式

对于较陡的边坡（坡度＞30°），可在坡脚前 2m 的地段采用浆砌石垒砌石质挡墙，墙高 2m，厚 50cm，墙内客土厚 1.5m，先填入 1m 厚的建筑垃圾，再铺填 0.5m 的好土，然后栽植杨树、黑松、雪松等乔木，以速蔽裸岩，同时可采用爬山虎、葛藤等悬垂植物遮挡挡墙。其绿化模式及效果见表 5-5。

表5-5　土石混合边坡平砌石挡墙拦土蓄水造林生长状况

植物名称	树高（m）	胸/地径（cm）	平均冠幅（m）		树龄（a）	保存率（%）	郁闭率（%）	草本盖度（%）
			NS	EW				
杨树	3.56	4.8	2.64	2.32	3	96.6	75	35
雪松	3.48	—	2.12	2.06	4	100	90	25
黑松	2.14	3.2	1.87	2.03	6	98	80	30
五叶地锦	5.20	—	3.2	3.58	—	100	60	—

　　土石混合边坡折线形削坡干砌石挡墙拦土蓄水造林绿化模式，即对土石混合边坡上部松散的肩部采用折线形削坡方式削缓上部保留下部，并使土石混合物沿坡面堆积。为防止水土流失，沿坡脚前2m的地段采用干砌石垒砌石质挡墙，墙高1m，厚50cm，用以拦挡坡体滑落下来的土壤及拦蓄坡面汇聚下来的水分，墙内栽植黑松、侧柏等乔木，同时在坡面撒播草籽，恢复草被，形成挡墙与松柏共同护脚、乔灌草护坡的模式。为增加绿色，在挡墙内外栽植爬山虎、五叶地锦、葛藤等藤本植物，形成立体绿化。

（二）缓坡小平台形开级覆土绿化模式

　　在岩土混合或石质的缓坡，沿等高线采用逐级小平台形开级，阶面外高内低，形成小反坡，以防止水土流失。阶面（或梯田面）宽度为0.5～0.6cm，坡面通体覆土厚40～60cm。在阶面采用穴状造林、造林树种主要为侧柏.麻栎等乔木树种。开级阶面（或梯田面）间距为1.5m，树种株距为80～100cm，以此形成密集式造林模式，加速植被恢复进程。同时在坡脚采用青桐造林进行遮蔽，青桐单行种植，株距2m，植穴规格为1.2m×1.2m。

（三）石砌鱼鳞坑集水造林模式

　　在边坡坡面或坡面的下部，利用岩体的突出部位，采用钢锚杆固定，用混凝土及石块垒砌成鱼鳞坑形状的植穴，穴内客土造林。鱼鳞坑的规格根据所附着的坡面地形而定，一般为0.3～1.2m。鱼鳞坑内栽植侧柏、黑松、蔷薇、五叶地锦、圆柏、扶芳藤等植物。造林成活率可达98.3%，保存率达95.2%。客土深度大有助于植物生长，在客土量相当的情况下，小规格植穴的生长量要好于大规格植穴的生长量，植物高生长（Y）与客土量（X）间呈$Y=a\ln X+b$的对数关系，径生长量与客土量间关系不明显。

三、陡峭裸露边坡造林绿化及植被恢复模式

（一）陡峭边坡削坡开级筑墙客土绿化模式

在岩土混合或石质的陡峭边坡，根据地形情况，可在有岩体突出的地段进行削坡开级，并使阶面留出宽 0.6 ~ 1m 的台阶，台阶前面用混凝土预制件或石块垒砌高 0.5 ~ 0.8 m 的挡墙，墙内回填客土，种植黑松、侧柏、连翘、荆条等乔灌木树种，还有扶芳藤、蔷薇、五叶地锦等藤本植物，并直播苜蓿、中华结缕草、高羊茅、黑麦草等草本植物，形成乔、灌、藤、草立体绿化模式，达到快速恢复生态的效果。在植物种的选择上要坚持"乔灌优先，乔、灌、草、藤结合"的原则，通过合理搭配，充分发挥各种植物的优点，尽快形成多层次立体生态结构，以取得最大的生态、经济和社会效益。

（二）裸露岩面植生袋垂直绿化模式

坡度陡峭，不适合采用其他绿化方式的裸岩治理时，要在岩体的坑洼部位堆砌装土的土工编织袋，编织袋下部再用锚杆固定，以此创立土壤微环境。编织袋上钻孔，孔内直播树种或草籽，实现岩面的垂直绿化。该模式通过创立微环境实现了植被的快速恢复，改变了以往只在岩体或挡墙下部种植攀缘植物的模式，结合工程措施在岩体上部或中部种植攀缘植物，并播种乔灌木树种和草种，保证藤、灌、草、乔立体绿化岩面。结果表明，通过此种方法，可使植被覆盖率达到 90%。缓坡小平台形开级覆土绿化各树种生长状况见表5-6。

表 5-6　缓坡开级（梯田整地）覆土造林树种生长状况

树种	树高（m）	胸/地径（cm）	成活率（%）	平均冠幅（m）	
				NS	EW
坡面顶部侧柏	1.38±0.08	1.20±0.07	84.0	0.39±0.10	0.41±0.08
坡面中下部侧柏	1.47±0.09	1.28±0.14	98.0	0.38±0.07	0.39±0.10
坡脚青铜	3.43±0.35	6.27±1.24	100	0.96±0.31	1.05±0.29

在岩土混合或石质的缓坡，沿等高线采用逐级小平台形开级，阶面外高内低，形成小反坡，以防止水土流失。阶面（或梯田面）宽度为 0.5 ~ 0.6 cm，坡面通体覆土厚 40 ~ 60 cm。在阶面采用穴状造林，造林树种主要为侧柏、麻栎等乔木树种。开级阶面（或梯田面）间距 1.5 m，树种株距为 80 ~ 100 cm，

以此形成密集式造林模式，加速植被恢复进程。同时在坡脚采用青桐造林进行遮蔽。青桐单行种植，株距 2 m，植穴规格为 1.2 m×1.2 m。

（三）裸露岩面风钻打孔容器苗垂直绿化模式

在坡度陡峭，不适合采用其他绿化方式的裸岩，在岩体的坑洼或凹入部位，采用风钻打孔，孔内直接采用容器苗栽植藤本植物，使之上攀或下垂，垂直绿化裸露岩面。容器苗可采用配制的土壤改良基质进行育苗。

（四）陡峭边坡现浇框格绿化模式

对于坡度陡峭、坡高大于 20 m 的边坡，还可采用削坡现浇框格绿化模式进行造林绿化。具体做法是在边坡上部与原有植被相接处开挖截流沟排水，沟深 0.4～0.6m，矩形截面。截流沟往上的坡面直播黑麦草与高羊茅。截流沟往下，在清理完坡面后，直接在坡面上现浇混凝土框格，框格厚度 0.05～0.1m，框格大小为（2～4）m×（2～4）m，每个框格内栽植一种植物，最上一行为龙柏，其下为龙柏与紫叶小檗的块状混交（隔框混交），然后为龙柏与小叶女贞、小叶女贞与紫叶小檗、紫叶小檗与龙柏的块状混交。在边坡最下方，则采用假石砌垒成景观型挡墙，从而形成一个景观生态绿化坡面。

（五）裸露岩面上攀下垂绿化模式

利用藤本植物的生长特性，在陡峭的采石坑下部及顶部边缘，通过穴状栽植爬山虎、五叶地锦、葛藤、扶芳藤等藤本植物垂直绿化裸露岩面。藤本植物茎长、侧枝多，水平种植时株行距不需太密，以（1.5～2）m×（1.5～2）m为宜。通过这种方法，可以形成底部上攀，顶部下垂的空中接力式的垂直绿化方式。

（六）利用裸露岩面微环境抛扔种子炸弹恢复植被模式

其具体做法为采集乔灌木种子，春季或雨季将种子与土搅拌成泥浆状的泥团（种子炸弹），然后抛扔到峭壁上，或采坑上部边缘，还有突出于峭壁的地段或存在小平台的地段。经测定，利用抛扔臭椿和苦楝种子炸弹的方法恢复峭壁植被的成功率为 25%～40%，臭椿达 40%，苦楝为 25%，而且突出于峭壁的地段越大效果越明显，如果突出地段存在土壤，成功率则更高。

四、植被护坡绿化模式

植被护坡最接近天然岸坡，既是一种生态护坡，也是一种传统的护坡形式。

植被护坡的形式多样，如草皮护坡、草芦苇护坡，活枝扦插护坡、活枝柴笼护坡、灌木护坡等。

（一）植被护坡的优缺点

植物护坡的优点如下。

①植物的茎叶可以缓冲雨滴下落的冲击，减轻雨滴对坡面的溅蚀作用，草本植物的根可以起到表层土层加筋的效果，灌木和乔木的根系入土很深，可以起到锚固土层的作用。因此，岸坡上的植物可以减少坡面的土粒流失。

②植物的存在增加了边坡的表面糙度，可以降低近岸洪水流速，削弱水流对岸坡的冲刷和风浪对坡面的淘刷，降低岸坡崩塌破坏的概率。

③繁茂的岸坡植被，其落叶残肢会为微生物提供可供分解的营养物质，其果实会为小动物提供食物。植被覆盖的空间，会成为各种小动物的栖息场所。岸坡上植被良好，有利于提高生物的多样性，恢复受损的生态系统。

④岸坡植被能够通过过滤、沉淀、吸附地表径流中的悬浮物、有机物和其他污染物，改善水质。岸坡植被能够延缓地表径流，增加径流的下渗能力，增加当地土层的蓄水量。

⑤坡脚处生长的湿生植物和水生植物，能够通过直接吸收营养物质和根茎上生物膜对有机物的生物降解作用，提高水体自净能力。

⑥郁郁葱葱的岸坡植被生机盎然，能够降温吸尘，净化空气，美化环境。

⑦植被护坡的建设成本低，工程投资省。

⑧护坡植物可以跟随坡面一起沉降变形，适应变形的能力强。

植被护坡的缺点如下。

①植被护坡的抗冲能力较弱。一般的土质植被边坡能够抵抗的水流速度在2.0m/s 以下。

②植被护坡只适用于能够自稳的、较缓的边坡，陡峻的边坡，植被的种植、养护、生长都会受到影响，如边坡坡度大于 1 ∶ 1.5 时，乔木难于种植。草本植物根系较浅，抗拉强度较小，边坡高陡时，在暴雨或者水流作用下，草皮层可能会与基层剥落。

③植被护坡见效慢，在这点上不如硬质护坡。植物一般需要一到两年的养护期。在此期间，植物的防护能力较弱。

④植物护坡中会生存多种的小动物，它们会在堤防中打洞，甚至穿透堤防。根系较深的植物死亡后也可能形成堤防渗漏通道。这些危险的洞穴裂隙被草丛覆盖，不容易被人发现，给管理造成了麻烦。

（二）护坡植物的选择

护坡植物选择，宜注意以下几个方面。

1. 所选择的植物要适应当地的气候条件

有的植物耐寒性差，有的植物耐热性差，有的植物耐旱性差。例如，结缕草，多年生草坪植物，具坚韧的地下根状茎及地上爬地生长的匍匐枝，并能节节生根繁殖新的植株，喜温暖气候，喜阳光，耐高温，抗干旱，耐践踏不耐荫，具直立茎，须根较深，一般可深入土层 30cm 以上，抗干旱能力特别强，能够在斜坡上顽强生长，它适应范围广，具有一定的抗碱性。因此，设计人员在开展工作前最好调查清楚本地的植物类型，选择已经证明其适应性的乡土植物。

2. 所选择的植物要适应当地土壤条件

坡面土层可能是黏土、壤土、砂土或者砂砾石土，土壤中的有机质含量、酸碱性、含水量可能差别很大。土壤条件苛刻时，植物不一定能够成活，并且可选择的植物类型也不会太多。必要时需要改良坡面土壤，或者在坡面铺设客土。因此，工程施工时 30～50cm 的清表土一定要单独存放。清表土富含有机质，是生长过植物的"熟土"，比新开挖裸露的"生土"更适合植物生长。用清表土回铺坡面，栽种植物，是经济合理的工程措施。

3. 要选择根系发达的植物

在进行植被绿化时，应选择根系发达的植物。例如，根系发达的禾本科植物，如狗牙根、高羊茅、黑麦草、香根草、结缕草等。植物根系发达，可以在表层约 30cm 厚土层内密植成网，大大提高坡面的抗冲刷能力。

4. 按河道边坡部位配置植物

不同部位，适合生长的植物种类不同，工程需要的高矮要求不同。岸坡顶部可种植陆生植物，坡面上一般配置陆生植物，坡脚附近根据遭遇洪水的概率，可以配置陆生植物、湿生植物和水生植物。植物配置要满足行洪的要求：堤防迎水坡在行洪水位之下，一般选择低矮的草本植物护坡，在稀遇洪水位附近可以采用小灌木护坡，在洪水位之上可以种植乔木，采用乔灌草结合护坡；当河道宽阔，有足够宽度的行洪断面和滩地时，可以在滩地设置防浪林带。防浪林常采用柳树和杨树。柳树速生易长耐水性强，经洪水淹没后仍然能够正常生长，防浪护堤的能力很好。杨树生长迅速，经济价值较高。

5.按景观要求配置植物

乡村和城市的景观要求不同，城市之内不同区域的景观要求也不同。景观要求包括，是否要求四季有绿色，是否春夏秋三季有花，是否有花色类型要求，是否要形成规模化的景观效果，是否有市树市花需要展示。同样是草坪草，有高度大于20cm的低型草坪草，草皮低矮致密，耐践踏，可供人们在坡上玩耍，如狗牙根、地毯草、假俭草、结缕草等；有高度在20～100cm的高型草坪草，如草地早熟禾、匍茎剪股颖、多年生黑麦草等。草坪草还可以配以红花酢浆草、雏菊、玉簪、二月兰等植物，形成缀花草坡。

6.兼顾经济效益配置植物

城市河道在这点上不如乡村河道突出。例如，乡村堤防上常种植经济价值好的速生杨树。滩地芦苇既有消浪护坡作用，也有较好的经济价值，可以在不影响防洪的情况下大面积种植。

7.配置植物要考虑管理要求

配置植物要结合河道的功能考虑河道的管理水平。有景观功能且要求高的河段，选择景观效果好的植物，同时配合常年的强化管理，对植物进行修剪和病虫害防治。对于以生态为主的河道，要减少管理带来的人工干预，植物配置应考虑生态系统的演替，以本地种诱导生态系统尽快恢复，允许人工栽种的植物逐渐被土著杂草替代。

（三）常用的护坡植物

草本植物根据草种对季节温度变化的适应性，可分为冷季型与暖季型两类。冷季型草适宜的生长温度为15℃～25℃，气温高于30℃则生长缓慢。河北、山西、山东、陕西、辽宁、吉林、甘肃等地区适合种植冷季型草。冷季型草坪植物主要有野牛草、紫羊茅、羊茅、苇状羊茅、草熟禾、小糠草、匍茎剪股颖、白颖苔草、异穗苔草、小冠花、白三叶黑麦草等。暖季型草坪植物最适合生长的温度为25℃～35℃，在-5℃～42℃范围内均能存活，但这类草在夏季或温暖地区生长旺盛。湖北、湖南、河南、江西、江苏、浙江、广东、福建、四川、重庆等地区适合种植暖季型草。暖季型草坪植物主要有狗牙根、地毯草、假俭草、结缕草、百喜草等。

（四）护坡植物种植方法

草本植物的种植方法一般有人工撒播种植、喷播种植、铺草皮种植、栽植等。

①人工撒播种植就是人工在边坡坡面上播撒草种，是一种传统的边坡植物种植措施。这种方法施工简单，造价低廉。人工撒播种植施工时，要先将土坡表面土翻松。如果边坡土质较差，可以在坡上铺一层 5～10cm 厚的种植土。然后散播草籽，草籽要撒布均匀。选用草苫子进行覆盖，保湿、防止种子流失，防止雨水冲蚀坡面。待幼苗出土整齐后，选择阴雨天或晴天的傍晚揭除覆盖物，并注意洒水养护，防止幼苗脱水死亡。

②喷播种植是将草籽、肥料、黏着剂、水等按一定比例混合，采用机械加压，喷射到坡面上。其特点是喷播施工速度快，草籽喷播均匀，施工质量高。

③铺草皮种植是通过人工在边坡面铺设天然草皮的种植方法。这种方法施工简单，成效快，但需要附近有草皮来源，前期养护管理量大，投资相对播种草籽偏高。铺草皮施工时可以将草皮满铺坡面，用木桩或竹桩钉固定于边坡上。为节约草皮，也可以铺成条带或者错块铺设，草皮之间的空隙由植被自行蔓延覆盖。铺草皮后要定时洒水养护。

草本植物的根系大部分分布在约40cm厚的土层中，为使坡面草皮生长良好，坡面土层厚度最好达到40cm，不宜不小于30cm。使用的种子的质量要好，一般要求纯度在98%以上，发芽率在90%以上。种子播种量一般为10～20g/m²，发芽率高、土壤条件好则可减少播种量。

对于湿生植物、水生植物、灌木和乔木，常常采用栽植法，先在苗圃内育苗，然后移栽在坡面上。要注意拔苗操作与移栽操作之间不能够间隔太长，以免植物因缺水死亡。

五、荒坡造林绿化与植被恢复模式

（一）荒坡穴状直播造林种草

在有土荒坡可采用多个树种进行穴状直播造林。造林时根据荒坡的情况，先进行块状整地，清除杂草，翻松土壤，然后穴内播种 3～5 粒种子。直播在春季进行，播种前先对种子进行催芽处理，主要播种树种有君迁子、车梁木、臭椿、黄连木、构骨乌桕等，造林成活率可达86%，但后期因杂草竞争会导致保存率下降，终期保存率为35%～50%。同时还要撒播紫花苜蓿、沙打旺、高羊茅等牧草。该模式在淄博试验区和烟台试验区均有运用。

（二）荒坡簇式造林恢复植被模式

在采石坑边缘及尚未开采的石质荒山荒坡，可选择存在积土或土层较厚的、利于造林的小生境，挖穴植苗造林，穴的规格根据小生境状况而定，一般为 50 cm × 50 cm，穴内以簇式方式栽植三株两年生的侧柏，栽植密度为 3 m × 2 m。经测定，植穴成活率达到 100%，栽植 3 年后，苗木高 1.71 ± 0.25 m，冠幅为 0.71 m × 0.55 m，保存率为 100%，草本盖度在 90% 以上。该模式已在蒙阴石灰岩石质山地应用。

（三）组团簇状直播模式

采坑边缘的石质山地坡脚部位积土较厚，面积较大，可利用该小生境的有利条件，以一点为圆心，沿相同半径挖 5 个 20 cm × 20 cm × 20 cm 的播穴，分别播种君迁子、杏、花椒、皂角、山楂，形成一个环状播种团组。在每个播穴内分别播种一个植物种，播种数量为 5 粒，以此形成群体效应，提高发芽率和成活率，加速植被恢复进程。在播种苗长大后，再经间苗定苗的方式确定最后保留的苗木。该模式在蒙阴石灰岩石质山地同样有所应用。

（四）爆破造穴客土回填造林模式

面积较大、岩体结构致密，不透水不透气的，石质山地的采石坑坑底及坡度较缓的边坡，不利于根系穿插，可采用 2 m × 3 m 的株行距进行二次定点爆破造穴，爆破植穴规格为 50 cm × 50 cm，以创造利于根系穿插的条件。爆破后要将坑内石块全部捡出，堆砌在坑的周围或下部边缘，防止水土流失。在植穴内客土造林，选用的树种包括侧柏、白蜡、桑树等。测定表明，该模式下各树种的造林成活率均在 96% 以上。该模式在烟台蓬莱睡虎山石质山地造林绿化中有所采用。

（五）废弃荒山鱼鳞坑整地造林模式

该模式是在采石坑周边的废弃荒山，利用具有一定厚度土壤的有利条件，因地制宜地采用小鱼鳞坑方式整地造林，整地规格长径 0.7 m，短径 0.5 m，密度根据不同的树种而异，一般为 1.5 m × 1.5 m。该模式的造林树种选用白蜡、小叶女贞、紫叶李等。该模式在淄博试验区和烟台试验区有所采用。

（六）石砌植穴无纺布衬砌集水防渗造林绿化模式

破坏山体顶部或采挖较缓的岩质坡面上土壤少，孔隙大，透气及水土渗漏严重，客土造林不易成功。这种情况下可沿采挖坡面等高线，用石块垒砌栽植穴，植穴相互连接，4～5 行为一组，在最下一行砌高墙，形成一个石砌"梯田"，"梯田"内全部为石砌植穴。砌穴规格（0.5～1）m ×（0.5～1）m，深度 0.6 ～ 0.8 m，穴内铺设无纺布，同时在底部衬砌塑料薄膜，防止水分渗漏。坑内回填客土造林，造林树种为侧柏，密度为 1 m×1 m。整个石砌植穴高于客土面 10 ～ 20 cm，形成集水穴，穴内可收集坡面径流、泥沙及直接降水。无纺布及塑料薄膜可减少或防止水分下渗。该模式通过砌穴和衬砌创立植物生长的微环境。同时，为提高成活率和保存率，每个穴内栽植 2 ～ 3 株侧柏。经测定，造林成活率达到 96.2%，保存率可达 92.8%。淄博四宝山试验示范区已采用此种方式进行整地造林。

（七）荒坡反坡梯田整地造林绿化模式

在土层较厚的荒坡，自上而下沿等高线每隔 3 ～ 5 m 采用反坡梯田整地，在梯田边缘及内部穴状整地造林，造林密度为 1.5 m×1.5 m，造林树种选用椿木、皂角、紫荆、君迁子、刺槐、栾树、黑松、车梁木、黄连木等。淄博试验区采用此种模式绿化，植被恢复效果良好。

（八）荒坡自然封育恢复植被模式

荒坡土层中等以上，有乔灌木和草本植被，但覆盖率不高的，可采用封禁措施，禁止人畜破坏，保护原有植被的自我维持能力，从而不断地提高植被覆盖率，保护生物多样性。

六、弃渣场植被恢复模式

（一）弃渣场穴状造林模式

将弃渣场平整后，直接进行穴状造林，植穴规格依据树种而异，火炬树植穴规格为 50 cm×50 cm，品字形配置，株行距为 2 m×2 m，该树种造林地萌蘗苗达到 0.1 株/m^2，郁闭度 0.8 ～ 0.92。林下草本植物主要为狗尾草、马唐、葆草、鹅绒藤、尖头叶藜、苣荬菜，覆盖度为 85%。皂角大苗植穴规格为 1.2 m×1.2 m，株行距为 2 m×2.5 m，成活率为 96%。

（二）弃渣场平整覆土绿化模式

弃渣场平整后覆土，覆土厚度为 20 ～ 60 cm，覆土后挖穴栽植乔灌木，主要树种有桑树、黑松、黑枣、侧柏、华山松、大叶黄杨等。对大叶黄杨而言，其植穴规格为 50 cm×50 cm，株行距为 1.5 m×1.5 m，灌丛间种植绿化花种、草种和栾树，栾树采用大苗造林，造林密度为 3 m×3 m。

（三）公路路堑边坡削坡开级框格客土立体绿化模式

在公路高大路堑边坡上，先对边坡进行削坡开级，在靠近原自然坡面的削坡坡脚部分附近，建立高度为 1.5 m 的挡墙，挡墙内部栽植黑松、紫叶李、火炬树等景观树种，并栽植五叶地锦。在挡墙下部坡面，按坡面安息角修整坡面，而后将混凝土框格预制件铺设于坡面，用锚杆固定，形成方形框架，在框架内回填客土，并采取一定的固土措施，然后栽植乔灌树种，以达到恢复植被与护坡绿化的目的。根据坡长情况及休憩需要，可将坡长分为两部分，在两者之间修筑步道及低矮挡墙，步道宽度 1.5 m，挡墙高度 0.4 m，框格两格，坡的最下部设三个框格，并在框格最外部设立浆砌石挡墙。上下边坡框格内块状混植乔灌木树种，主要树种有龙柏、连翘、紫叶小檗等。每隔 50 m 修筑一道急流槽，槽面宽 1.5 m，阶高 0.2 m。该种模式充分结合了边坡特点，将坡面设计成多层次的景观，并选用不同高度的植物，坡顶部利用原有植被，上半部分坡体上种植高大树木，坡体中下部种植灌木、花草，从而形成点、线、面结合，乔、灌、草、花结合，绿化与美化结合的植被恢复模式。

（四）公路边坡砌穴客土多层次景观绿化模式

在隧道道口等道路两侧，依据坡势，由高至低，采用大理石条石砌垒方形、菱形植穴，穴内客土造林、种草种花，并定期修剪使之绿篱化，从而形成多层次的绿化景观。该模式选用的绿化树种主要有龙柏、紫叶小檗、大叶黄杨、小叶黄杨、连翘、玫瑰、月季等。

（五）尾矿坝面边坡综合治理恢复植被模式

根据尾矿库坝面边坡的现状，每隔 10 m 修建一个平台，平台间修筑简易马道（步道）及排水渠，马道宽 2 m，排水渠采用梯形或矩形截面，梯形截面尺寸为下底 0.4 m，上底 1.2 m，边坡比为 1∶1，矩形截面则各尺寸均采用 0.8 m。坝面边坡整体坡面上间距 50 m 开挖急流槽排水系统，沿坡脚开挖排水渠。在坝顶平台，采用尾矿就近推平的原则进行平整，分层压实，闭库时进行绿化。坝顶平台修筑简易道路，路面宽 4 m，高出内侧平台 0.3 m，利用废渣填筑管理路基础，厚度约为 0.5 m，上部铺设 0.2 m 厚砂土，分层填筑并碾压。在管理路外修排水渠，与边坡排水系统形成统一整体。

尾矿库中的尾矿砂则从外向内堆放，使不同高度的尾矿砂台面平坦有序，依次向库顶平台靠找，达到安全、绿化和防治水土流失的目的。在坝面边坡进行平整，采用鱼鳞坑穴状造林，造林树种主要有黑松、麻栎、刺槐、紫穗槐、桧柏等。尾矿库边坡坡脚，以原地形与植被为遮挡，形成绿色安全缓冲区。

（六）沟道内尾矿坝及其边坡综合治理植被恢复模式

尾矿库设立在沟道下游狭窄处，该处修建拱形栏造坝，坝体上由上至下每隔 1 m 修建一排排水孔，共 3 排。尾矿紧贴坝体由外向内堆放，使不同高度的尾矿砂台面平坦有序，依次向库顶平台靠找，达到安全、绿化和防治水土流失的目的。每隔 10 m 修建一个平台，平台间修筑简易马道（步道）及排水孔，马道宽 2 m，排水孔采用矩形截面，净宽 1 m，高 0.7 m，纵坡坡度为 5°。坝面边坡整体坡面上，由顶向底部坡面间距 30m 开挖急流槽排水系统，急流槽呈辐射状，顶宽底窄，急流槽净宽 0.6 m，高 0.3 m，纵坡坡度为 1：1.5，出水口与排水孔衔接。排水孔急流槽、排水孔的两侧及渠底浆砌片石。沿坡脚开挖排水渠，并设挡墙。在坝顶平台靠上部位，削出平台修筑通行运输水泥道路，路面宽 6 m。在道路内侧为尾矿库平台部分，形成一个高 6～8 m 的平台，平台上方为原采挖山体的地面部分。沿原山体坡脚修建挡土墙以防止水土流失，山体上采取封禁措施，自然修复植被，形成绿色植被恢复区，自然修复的树种主要有刺槐、紫穗槐、油松、侧柏、黄栌。平台侧面边坡与道路下方边坡，采用鱼鳞坑穴状造林，同时在林下种草或采用自然恢复的方式恢复草被，该场所造林树种主要为黑松，草本植物有高羊茅、黑麦草，自然恢复植被有马唐、菲草、荩草、青麻、狗尾草、白莲蒿等。

第六章 绿色矿区建设

矿产资源是重要的自然资源,它是社会进步、经济发展的物质基础。但传统的矿产资源开发利用方式对当地生态环境已造成了严重损害。因此,发展绿色产业、建设绿色矿区,已成为当务之急。本章分为绿色矿区建设的标准体系与模式和绿色矿区建设的内容两部分。

第一节 绿色矿区建设的标准体系与模式

一、绿色矿山建设的要求

(一)总体思路

坚持科学的发展理念,依据国家的相关要求,抓好绿色矿山建设,发展绿色矿业,以保障矿业健康可持续发展。相关部门要贯彻落实全国矿产资源规划做出的战略部署和目标任务,坚持政策配套、组织试点、统筹规划、整体推进,通过建设绿色矿山,转变矿业发展的方式,建立矿产资源开发利用新机制。

(二)基本原则

①明确政府的引导作用。政府要积极的引导,组织好试点示范,使建设绿色矿山标准体系有秩序进行。

②明确企业的责任。企业要树立科学发展的理念,加强管理,推进科技创新发展与精神文化建设,承担起节能减排、环境保护、建设和谐矿区的社会责任。

③增强行业的自律。行业协会要发挥桥梁作用,使各矿山企业紧密相连,做好宣传,加强行业自律。

④做好政策配套。政府要通过政治、经济手段,制定有利于环境保护、资

源合理利用的措施，完善制度，促进绿色矿区建设。

（三）建设目标

进行部分矿山的试点活动，建立绿色矿山标准体系，完善绿色矿山管理制度，为配套绿色矿山建设出台相对应的激励政策。目前，我国形成了基本的绿色矿山格局，许多大中型矿山已经符合绿色矿山的标准，许多小型矿山企业正在用绿色矿山要求进行管理，矿区资源的合理利用、环境的保护都有了显著成效，矿山的企业与地方和平相处、共同进步。

二、绿色矿山建设标准

对于绿色矿山建设标准，我国一些专家观点主要包括以下内容。

孙维中认为，建设绿色矿山的标准主要包括以下几点。

①开发和利用矿产资源需要符合国家政策，有关部门制定地质环境保护规划与矿产资源规划。

②项目建设前要进行地质灾害的评估，进行环境影响的评价，且制定相应的治理、保护方案。

③开发矿产资源要使用先进的技术和保护生态的方式。

④矿区开采中产生的废物都要进行处理，要达到国家排放标准。

⑤闭坑矿山要进行环境治理与土地复垦。

倪嘉曾、黄敬军等认为绿色矿山建设标准包括现代化的开采方式、规范化的企业管理、合法开采、清洁采矿、保护矿区环境、提高资源利用率、和谐的内外关系、生产安全标准化等方面。

黄敬军指出建设绿色矿山有三个主要环节，即对矿区环境进行评价、对生产工艺进行优化和注重恢复生态建设。

曾普海、吉学文等认为绿色生态矿山建设主要包含生产作业环境"清洁化"、资源开发利用"高效化"、生产生活环境"人性化"、工艺流程设置"闭路化"、厂区生态环境"园林化"、废物循环利用"资源化"、生产过程控制"数字化"等方面。

张有乾、陈斌等提出从三个方面建设矿山生态环境，即推行生态农业发展、发展绿色开采、进行可行性研究和稳定性论证。

三、绿色矿山建设模式

为了建设绿色矿山的新格局，国土资源部（今自然资源部）对绿色矿山建设的基本条件做出了规定，即保护环境、发展技术、办矿要有法律依据、综合合理利用、管理规范化、发展企业文化、进行土地复垦、节能减排和社区和谐。

王小娜认为清洁生产是建设绿色矿山的最佳模式，清洁生产主要以预防为主，从源头上保护环境。进行集约型发展有利于经济效益与环境效益的协调统一，有利于煤炭企业管理和技术水平提高。此外，孙维中提出了对绿色矿山的系统分析法，它指的是建造矿山系统模型，通过对模型的研究对绿色矿山建设的前期准备、生产建设、后期治理三个阶段进行分析，并计算当地的地质灾害发生频率。

四、绿色矿山指标体系构建原则及发展近况

发展绿色矿山需要使生态环境保护与矿产资源开发同步发展，即在保护中建设，在建设中保护。选取绿色矿山建设的评价指标，需要包含申报绿色矿区的9项基本条件，结合定量与定性的原则，要选择具有代表性的指标。在选取指标和确定评价方法时，要遵循下列原则。

（一）客观性与科学性相结合原则

选取指标时需要包含绿色矿山的设计、规划及开采的全过程，要体现其内涵，符合其要求。要用科学的方法进行计算和评价，且要考虑政治、经济、资源、环境等因素的影响。整个评价过程要使用规范的方法进行统计，用科学的方式进行分析，还需要有现实的、客观的依据，使整个数据的结果必须可靠、准确。

（二）代表性与全面性相结合原则

指标体系不仅要反映绿色矿山的各个方面，展现各个指标间的内部结构关系，还要保证资源、经济、社会及环境等各个子系统协调，使评价指标与评价目标形成一个有层次的有机整体。绿色矿山的建设涉及范围很广，它包括创办企业文化、构建和谐社区、依法创办矿山企业、合理规范的管理、土地的复垦、环境的保护及技术创新等。因此，它包含的指标也是多样的。在选取指标时要在全面的基础上，结合矿区的自身特点来进行。选取指标时要避免选择意思相同、相近或可以由其他指标组合出来的指标，要强调代表性。

（三）静态性与动态性相结合原则

建设绿色矿山不是静态的，而是动态发展的。要验证当今矿区资源环境的现状和如今的矿产开发方式是否是可持续的，人们就要对各个影响要素进行综合分析，分析它们静态的水平和动态的发展趋势。因此，在构建绿色矿山建设

评价指标的体系时，要将表征与可持续发展有关的各个要素的流量与存量紧密结合。

（四）可操作性与可比性相结合原则

构建指标体系需要有理论作为基础，还要考虑获取资料的可行性、评价指标的可比性及可测性。建立指标体系还需要有表述特征的定量指标与定性指标。定量指标可以通过国家权威部门发布的数据计算。定性指标应该可以反映客观存在的可比性，但也需要有与之相对应的，一定的量化手段。在构思指标体系时，要尽量避免或少用不好定性或不好定量的指标的数量。设置指标体系时不要过于烦琐，而且其中涉及的数据要是我国现行制度中容易达到的或现有的，建立指标体系要有较强的可操作性。

五、绿色矿山建设发展近况

浙江省国土资源厅对绿色矿山的考评标准及绿色矿山的创建标准做出了具体表述，其指标体系包含了企业管理、资源利用、生产工艺、开采方式等方面。

江苏省地质调查研究院对建设绿色矿山的考评指标做了系统的分析和研究，它针对江苏省典型矿山的具体情况，提出了建设绿色矿山的考评指标体系、标准及基本条件。它的考评指标包括监管保障、能源消耗、采用先进技术、做好安全保障、资源消耗、引进先进设备、使用清洁能源、进行动态管理、规范的管理、注重环保的管理及安全的管理等。这个考评指标体系包括矿区的安全生产、资源的合理利用、生态环境的重建、现代化的采矿、清洁的矿山生产、矿山的规范化管理等方面内容。该指标体系是在国家级绿色矿山建设的基本条件指导下，依据江苏省典型矿山的特点而建立的。它对江苏省的绿色矿山建设具有实用价值和理论指导作用，且对制定全国绿色矿山建设标准有借鉴作用。

在《绿色矿山创建标准及考评指标研究》中，倪嘉曾、黄敬军等提出了绿色矿山考评指标体系。这个体系包含了八个方面的内容，即科学的开采、统筹内外和谐、生态环境的重建、规范的管理、安全的生产、合法的采矿、高效利用、清洁生产。它的考评指标包括税金与保证金的依法缴纳、矿产资源的利用效率、矿产资源的开发利用方案、责任制度落实及开采监理、矿容矿貌整洁情况、职工技术培训体系、三废及噪声震动排放达标情况、采矿权等证照的依法取得、地质灾害的治理效率、矿山闭坑的治理规划、开发利用矿产资源的规范性、矿区环境的保护与治理、安全生产事故及处罚情况、经济环境效益的指标、现代化的采选矿技术、规章制度完善程度、工艺流程的环保化程度、采矿作业技术、安全生产责任制实施情况等。

贾晓晴、张德明等根据层次分析法，把指标体系分为评价指标层、系统层、总体层三个等级。评价指标层涵盖了24项具体指标。系统层包含四个方面，即矿产资源开发利用效益、环境效益、科技资源投入、社会经济衡量。

六、绿色矿山建设评价指标

（一）社会经济指标

建设绿色矿区是为了社会经济的可持续发展。建设绿色矿区所产生的经济、社会的影响是衡量该矿山建设效果的标准，社会经济指标主要有：①矿区的开采年限，矿区的开采通常不能低于五年，其正常开采年限则需要两年以上；②合法证件的数量，企业开采矿山时需要的证件，如企业法人营业执照、生产经营许可证、民用爆炸物品许可证等；③安全生产的时间，矿山企业生产需要三年内没有重大事故发生，没有人员伤亡情况；④已通过评审的科研报告的质量和数量，即开采矿山的企业针对矿山的实际条件、开采方式等企业编制或委托科研机构编制的报告与方案（环境影响评价报告、安全生产方案、对矿区土地的复垦方案、关于矿山环境的保护与治理方案、整合开采矿区资源的方案等）的质量和数量；⑤矿山企业的年生产能力，即根据矿种、区域及企业规模等制定矿山企业年生产能力标准，并与实际生产能力作对比；⑥吨耗资源的投入与产出比，它的比值越小说明经济效益越高，反之则表明吨耗资源的经济效益越低。

（二）矿产资源开发利用指标

矿产资源质量的好坏与数量的多少是绿色矿业的物质保障。绿色矿山的核心是实现资源的合理综合利用、高效循环利用、有效节约利用。从综合利用、合理开发及资源节约等方面评价绿色矿山建设、矿产资源开发利用的指标有：第一，回收废弃资源率；第二，共伴生有益组分综合利用率；第三，开采矿产的贫化率、采出率以及选矿的回收率。

（三）科技创新指标

科技创新是企业提高开采采出率、资源综合利用率、选矿回收率及优化生产工艺的重要方法。建设绿色矿山需要企业重视科技创新、技术人员配备及技术资金投入，科技创新指标主要有：第一，科技创新的资产投入与矿区总投资的比；第二，高新技术在环境友好型技术中的比例；第三，技术员工比例；第四，生产设备的先进度。

（四）清洁生产指标

清洁生产指的是企业在生产全过程中贯彻污染预防战略，提高科学技术水平，加强企业管理，进而有效提高资源的利用效率，减少污染物的排放量，减少环境危害。它的核心是以预防为主，从源头把关，实行全程控制，进而使环境效益与经济效益相统一。从清洁能源与环保管理两方面考虑，清洁生产指标主要有：第一，对水资源的循环利用率；第二，清洁能源在总能源中的比例；第三，优化生产工艺的程度；第四，对清洁能源的利用率；第五，"三同时"制度执行率。

（五）环境保护指标

环境保护是绿色矿山建设中的重要内容，环境保护的进展程度、被破坏环境的恢复程度及保护环境措施的效果都是考评建设绿色矿山的内容，具体的指标有：第一，废水、废气、废渣及噪声等对环境的污染程度；第二，排放污染物总量的消减率；第三，土地复垦的年经济效益；第四，投资环境保护占总投资的比例；第五，植被覆盖率、土地复垦率、地质灾害治理率。

（六）社区和谐指标

社区和谐是构建和谐社会的体现，是贯彻落实科学发展观的体现。建设绿色矿区要求企业承担社会责任，改善社区关系，保障社区居民合法权益。企业在开采矿区时要注意保障矿区周边的环境安全和质量。考评社区和谐是从矿山企业带动就业的状况、矿山企业对公益事业的捐赠额等方面考虑，其具体指标有：第一，企业对公益事业的捐赠额；第二，矿山企业同当地的契合度；第三，基础设施的完善度；第四，直接就业人数与间接就业人数占总就业人数的比重。

第二节　绿色矿区建设的内容

一、矿产资源的开发利用

矿产资源指的是经地质作用形成于地下或地表的能够被开发的有价值的元素或矿物的集合体。它是重要的自然资源，是促进社会发展、经济进步的基础。在现代社会中，人们的生产、生活等都离不开矿产资源的支撑。矿产资源的储量有限，它是不可再生资源。人们应重视对矿产资源的开发和利用工作。

（一）矿产资源的开发利用管理

矿产资源的开发与利用管理指的是国家是矿产资源的行政管理者与所有者，它对矿产资源的使用、资源开发、资源配置、资源储备、资源积累等过程进行调节控制、规划决策和协调监督，保证对矿产资源的有效利用可以达到社会、经济、环境三者相协调，以实现对矿产资源的有效、可持续利用。

1. 矿产资源开发利用管理的特征

①坚持政府的主体地位。《矿产资源法》中规定，矿产资源是属于国家的，国务院行使其所有权。因此，矿产资源管理过程中，政府具双重身份，既是管理者又是所有者。一方面，政府以管理者的身份对矿产资源的开发、勘察、保护等进行管理，使矿产资源能够可持续利用；另一方面，政府以所有者的身份对矿产资源派生出的其他权益进行管理。

②管理内容十分广泛。政府根据经营权与所有权适当分离的原则来对矿业权进行设置，通过法律法规明确矿业权人需履行的义务，对各级行政机关进行授权，使其具有矿业权变更、授予及终止的权利，以达到对矿产资源进行统一规划管理的目的。通过征收矿产资源的补偿费、矿产资源税及矿业权的使用费，进而使得国家实现收益权。

③实现可持续发展的目的。实现矿产资源的经济、社会、环境等效益的协调统一，矿产资源得以持续利用，是矿产资源管理的目的。

2. 矿产资源开发利用的主要任务

①保护环境，大力推动矿区土地复垦工作和治理矿区环境工作。根据建立环境友好型社会的要求，企业要做好开采前的预防工作，开采与治理共同发展，做好采完后的环境修复工作，以建立矿山环境保护与恢复治理的长效机制。要了解老矿区、正在生产的矿区及新建立的矿区三种不同的情况，全面推行矿区的环境保护和矿区恢复治理工作。对矿区进行土地复垦，减少采矿活动对环境和土地的影响与破坏，促进矿产资源绿色开发。

②科学调控，使矿产资源持续供应能力得到提高。企业应根据环境保护、资源可持续利用和国家产业政策需求，依据开发矿产资源的条件与供需形势，确定开采的方向，使用差别化的方式，对矿产资源的开采总量进行调控，使其能够适应社会和经济的发展步伐。对稀缺的重要矿产资源的开采，政府要采取鼓励政策，使企业对其有开采的动力；对重要矿产要加强储备，以便应对突发事件，保障资源的安全供应；对一些特殊矿种及有重要优势的矿产，政府要实

行限制开采政策，对矿产资源的开采与出口要加强宏观调控，维护稀缺资源，保证经济利益。

③进行统筹协调，要优化矿产资源的开发结构和布局。政府要统筹规划区域矿产资源的开采、勘查活动，合理设置矿业权，加快勘查开发的布局优化，促进区域资源的优化配置。

④创新与发展，发展科技，引进先进技术。在矿产资源勘查、开采和保护的过程中，要加入创新的思想，提高采矿业的技术水平。企业要对矿产资源进行综合合理利用，对其进行节约管理，对低品位、共伴生矿产资源进行综合利用，促使矿产资源得以有效且合理的利用，发展矿业可以循环经济，保证矿产的清洁安全生产及可持续发展。

⑤加强勘查，提高对矿产资源的保护。主力发展优势重要的矿产，提高勘查能力，查明资源储量，为社会经济发展提供物质基础。

（二）矿产资源开发利用措施

1. 矿产资源开发利用宏观对策

①用科学的方式进行全局统领。当前经济发展带来了环境、资源及人口的问题，我国为应对这种压力，在科学发展理念的指导下，提出了资源节约型、环境友好型社会的构想。要实现这一构想就需要把过去的粗放型发展模式转变成集约型发展模式。它要摒弃高投入、高能耗、高污染、低产出，弘扬低投入、低能耗、低污染、高产出。环境友好型社会指的是人与自然要和谐相处，人的消费活动和生产方式要与自然生态系统协调可持续发展。

②解决历史遗留的问题。矿区环境破坏、社会保障、下岗职工的安排等问题都是在资源利用中具有一定历史的老大难问题。对于下岗职工的问题，最好的解决办法就是使下岗职工再次就业，想要实现再就业，就要有新的岗位需求。一方面，通过发展第三产业可以增加就业岗位；另一方面，可以鼓励下岗职工进行创业。这就需要政府采取一系列的鼓励政策解决下岗职工再就业问题。关于矿区的环境破坏问题，可以通过完善生态补偿的长效机制来解决。目前，我国的生态补偿机制尚不健全，生态补偿尚未落到实处，因此要开发生态补偿机制，并募集社会力量共同参与开发利用。

③对枯竭产业进行续接或替代，进行产业体系重建。对于资源匮乏的城市，进行经济转型是根本方式。进行经济转型的实质是重建产业体系。资源型城市中的资源逐渐枯竭，其原有的开采资源的发展模式已经不能维持经济的发展，

因此要发展新兴产业。重建产业体系需要人们发掘该城市的有利资源，并合理利用。先进的技术、高素质的劳动力都可以成为构建产业体系的基础。其中的关键是要建立可持续发展的产业体系，充分利用不可再生资源以外的城市资源，使得今后的产业得以长期有效运行。

④通过改善城市空间的布局来进行城市功能转型。根据各国的发展经验，产业转型也是一种空间布局重建的过程。在这个过程中，城市的产业重心发生了转移，城市中心也有了变化，城市边界逐渐扩大，城市的总体布局得到改变。转型完成后，城市的布局由原来资源发展的单一布局向新兴产业的多局转变，城市形成了新的发展轴线，以前处于城市边缘、发展慢的地带有了更好的发展方向。因此，城市的布局规划促进了城市功能的转型。

⑤建立支持转型的政策体系，完善促进转型的机制。一方面，政府实行补贴政策，解决现实问题，在此过程中，实行效果评估，进而建立由政府制定政策支持转型的体系；另一方面，完善转型机制，从政府补贴转向发展城市的自我调节。根据以往的城市发展结果，政府补贴资源型城市的方案，最终都由补贴转向了培育。例如，日本对某个当地产煤的城市进行了八次政策补贴，都没能成功，最后由援助向转型转变，吸引投资，改变原有产业结构，发展了新兴产业。政府的政策由补贴转向培育，是一种着眼于未来的战略方式。

2. 提高矿产资源利用效率

提高矿产资源利用率是保护环境的一种方式。随着矿产资源的基础物质性质逐渐加强，提高矿产资源的利用率变得尤为迫切。其主要有以下几种途径。

①加大宣传教育，提高人们对资源的认识。使人们树立正确的资源环境观念（可持续发展的观念、环境观念及资源观念），使矿区内的居民自觉的保护环境、节约资源，坚持提高矿产资源利用率的观念。

②增强法制规范，对资源的利用增加法制约束。制定矿产资源相关的法律法规，并加强这些法律法规的宣传教育。增强居民对矿产资源的法制认识，增强企业办矿的自觉性，使得矿区企业自觉保护矿产资源，并合理开发利用。执法部门要加大执法力度，对违反矿产资源法律法规的行为，通过法律进行惩处，形成矿产资源监管有法可依、居民群众自觉守法、杜绝违法行为的环境。

③严格监督与政策鼓励并存。对开发矿产资源的企业实行严格的监督，可以使矿产资源得到有效的保护和合理的利用。执法部门在严格监督矿产资源开发的同时，还要注意监督矿产资源的综合利用以及利用效率，要对发证的关口进行严格把控，对于一些开发利用技术指标低，不能合理利用资源的申办者不

能发放相关许可。为了有效保护资源、合理利用矿产资源，需要人们加强对其的管理。

一是加强对物的管理。其实质是对矿产资源进行行政管理，使其依法行政，对关于矿产资源开发管理的法律法规要积极落实，依法执行。

二是加强对人的管理。它指的是加强对矿山企业的管理。关于矿产资源的法律法规中规定了矿业权可以被依法取得，也可以被依法转让。这表明矿业的开采年限与经济效益是挂钩的，企业取得矿业权后，开采的年限越长，其经济效益越好。因此，矿山企业想获得经济效益要解决的首要问题是怎样延长矿山的正常开采年限。由此可见，对矿山企业加强管理，对实现矿产资源的高效利用和创造良好的经济效益都是有利的。因此，政府要鼓励那些有利于提高矿产资源综合利用率的科研项目，对这些活动予以资金上的支持；对矿产资源进行综合利用的企业的税费实行减免政策，成立矿产资源保护的专项经费，开展对提高矿产资源利用效率的研究活动，进行技术发展与改造，促进矿产资源利用效率提高。

④加大对科技的发展，在矿产资源开发利用中采用先进的技术。当前，我国矿业发展的水平相对世界先进水平来说是处于落后阶段的，在采选矿产资源、矿业管理、矿产资源利用方面与世界先进水平都有很大的距离。想要解决矿产资源利用效率低的问题，需要有先进的技术水平，企业要在政府的支持及科研人员的努力下，运用先进的技术，采用科学的方法，对原有的落后方式进行改造，在生产中融入科学的技术方法，将科学技术转化为生产力，用科技促进生产发展。

二、矿山环境保护

（一）矿山环境保护概述

矿山环境是指在采矿活动中影响到的生物圈、水圈、大气圈及岩石圈的保度和范围内的客观实体的集合。矿山环境问题指的是矿业活动对环境产生的影响（环境的破坏、环境的污染、环境的演变等）。目前我国对矿产资源的开发，存在一些不合理的现象，甚至产生了危害。有的矿山企业在开采矿山时，严重污染了矿山及周边的环境，有的甚至诱发了多种地质灾害，严重破坏了环境，加剧了人与环境的矛盾，这些现象既制约了我国经济的发展，又危害到了人们的安全。

1. 环境破坏的污染源种类及破坏类型

矿业活动对环境产生的破坏有很多种。例如，开采煤炭时会对土地产生破坏，破坏植被和地表土层；在开采过程中会产生大量的废弃物（如矸石、尾矿等），这些废弃物需要大面积的场地进行堆放，破坏了堆放场地原有的生态系统；其中皮渣、矿石等固体废物中含有一些有毒有害物质，它们通过地表水污染了周边水域和土地，通过空气污染矿区周边的大气，它的影响远远超过了堆积废物对空间的影响。治理这些污染需要花费大量的财力、物力及人力，并且很难恢复到原来的水平。破坏环境的污染源具体包括以下几种。

①废水。采矿活动产生的废水主要有冶炼的废水、矿坑中的水、选矿时的废水、尾矿中池水、其他附属工业废水及生活污水等。煤矿开采中的废水大多是酸性的，且其中包含重金属、有毒有害（有害元素有氰化物、六价铬、砷、铅、锌、铜、汞等）物质。这些工业废水没有经过处理随意排放，流经地表，会污染土壤、地表水，渗入地下，会污染地下水。

②废气。废气的排放会导致大气污染，其中一些酸性气体的排放可能会产生酸雨。煤矿活动的废气主要有燃煤产生的废气、采矿过程中的废气及煤和煤矸石自燃产生的废气；采矿工业废气的排放量可达 3954.3 亿 m^3/ 年，其中一些有害物质（如一氧化碳、二氧化硫、氮氧化物及烟尘等）排放量可达 73.13 万 t/ 年，使矿区及周边的大气受到不同程度的污染。另外，尾矿、废渣等也会对大气产生污染。

③固体废弃物。矿业活动中的固体废弃物主要有尾矿、废石、煤矸石等。煤矿开采中的固体废弃物主要包括粉煤灰、矸石、煤泥、露天矿剥离物及生活垃圾等。其中矸石对环境的影响是最大、最普遍的。矸石长期露天堆放，占用了大量土地，破坏了占用地的地表植被，使占用地的物种减少、水土流失，破坏了原有地表的生态平衡；排入河道，会抬高河床，污染地下水。堆积在地面的废石在地质作用会发生风化、氧化及自燃，长期堆放会产生有害的气体及粉尘，污染周边的空气、水域和土壤，影响矿山及周边居民的身心健康与生活质量。

由于采矿作业造成的环境破坏类型如下。

①土地沙化和水土流失。采矿活动尤其是露天开采破坏了地表植被及土壤层，而矿业活动中产生的废渣、废石属于松散物质，极易造成水土流失。例如，鄂尔多斯高原上的神府东胜矿区，受气候和人为因素影响，生态环境变得十分脆弱，土地荒漠化、土地沙化的面积占全区面积的 86% 以上，已超过 4.17 万 km^2。根据人们对全国 1173 家大中型矿山的调查表明，由于采矿产生水土流失的面积达 1706.7 hm^2，产生土地沙化的面积达 743.5 hm^2。

②破坏水系统的平衡，污染水体。矿产开采中废水的排放和疏干排水，引起了水环境的变异甚至恶化。例如，破坏了地下水和地表水的均衡，致使泉水干枯、水资源减少、地表水渗入地下、形成疏干漏斗，严重破坏了矿区及周边的水环境。在沿海地区因为矿山导致的疏干漏斗增多，还会引发海水倒灌现象。除此之外，地表水常被矿区企业倒入废水、废渣从而受到严重污染。一些被污染的地表水下渗到地下会污染矿区的地下水。

③占用土地和污染土壤。矿业活动占用了大量的土地，这里指的是受生活、生产设施的占用和开发影响的土地。矿产开采破坏了大量的土地，它指的是塌陷区、排土场、露天采矿场及地质灾害破坏的土地。矿业活动中产生的"三废"也会污染矿区及周边的土壤。

④诱发地质灾害。由矿区活动引发的地质灾害主要有泥石流、崩塌、矿震、滑坡以及尾矿库溃坝等。矿产开采及产出的废渣受气候、地形和人为因素影响，会引发泥石流、滑坡、崩塌等。例如，矿区产生的废渣堆放在山坡，它们在暴雨时容易导致泥石流，矿区的深入挖掘容易诱发地震。

⑤噪声。矿业开采中会产生很多噪声。例如，建设施工噪声、工业噪声、社会生活噪声和交通运输噪声等。在采煤过程中使用的设备会产生高噪声，采掘爆破也会产生高噪声。这些噪声影响了矿区居民的生活水平和身心健康发展。

⑥粉尘。开采、选矿、运输矿产的过程中都会有粉尘产生。例如，煤炭的采掘、洗选加工都会产生粉尘。

2. 矿区环境影响评价

矿区环境影响评价指的是对矿区的环境进行评判的过程，它是一种方向性较强的评判过程。矿区环境影响评价包括了多个层次，如评价标准、环境监测、评价模型及环境评价因子确定等。它的最终目的是评定环境质量与人类生存发展活动间的价值关系。

对于环境影响评价的理论研究，国内外都已经有了一些成就，但是对于矿区的环境影响评价研究还比较少，尤其是完整的、有层次的、有结构的矿区环境影响评价指标体系尚未建成。我国几位学者对此进行了相关研究。

①建立矿区的环境质量与生态评价的指标、评价及预警模型，从宏观上进行矿区生态环境评价，为之后的环境决策提供量化依据。

②对生态与环境质量进行综合性分析，对矿区生态环境采用灰色模型进行预测，并结合矿区生态环境质量的分级设立预警指标。

③运用模糊综合评判技术和赋权综合评价法，综合评价各个污染因素对矿

区空气质量的影响。它打破了原有的，研究单一因素对空气质量影响的框架，对多种环境影响因素进行综合性评价。这种方法在评价多区域生态环境质量与多因子的生态环境质量时，更利于对不同区域的横向比较。

3. 矿山环境保护治理

对于矿山废料的处理和废料的再利用我国相关学者进行了研究与探讨。其具体措施如下。

一是用粉煤灰、煤矸石等对采空区进行填充。

二是对尾矿进行再选、冶金，从中提取有用的成分进行综合利用。

三是直接利用，将尾矿中与玻璃、陶瓷、建材等原料成分相近或用途相似的组分，经过简单调配后直接利用。

四是对塌陷区土地进行复垦。

企业可以通过这些途径进行废物利用，提高矿山效益。

我国的矿山土地复垦发展较晚，现今我国的矿山废弃地复垦所占比例仍比较低，只有10%左右。近年来我国对矿山土地复垦进行了研究，总结出了一套较为适用的土地复垦技术，针对不同类型的废弃土地，制定了不同的土地复垦标准，其中一些科研成果已经得到了推广。

同时，我国的国土资源部门也为矿山环境保护治理做出了重要贡献。他们选择不同地区、不同矿种、不同类型的国有老矿山，进行环境恢复治理示范工程，为我国矿山环境治理与保护提供了实践经验。

4. 矿区环境治理难点

伴随着我国采矿业逐渐发展，企业保护环境的技术水平与意识都有所提高，矿区在环境治理与保护方面有了一些值得肯定的成绩，但是在这其中也存在着一些治理难点。人们通过总结生产中的经验及矿业保护者和从业者的总结分析中发现我国矿区环境治理和保护的难点主要有以下几点。

①缺少矿山环境影响评价的理论体系。

②对矿区的土地复垦有许多工作盲点。

③与矿山环境保护有关的法律法规不健全。

④一些领导没有环保意识，不能带领群众进行环保建设。

⑤矿区环境保护的历史遗留问题较多，企业对其资金投入不足。

（二）矿山环境保护措施

矿山环境综合治理指的是相关部门对矿山活动造成的环境影响与破坏进行

评估，并相应的制定保护措施，根据先进的技术，对环境进行治理，使环境恢复，以达到环境平衡的技术方案的总称。针对矿山环境治理，一些专家学者研究出了很多措施。主要有以下几种类型。

1. 绿色技术

企业可以将生产发展与资源有效利用相结合，发展绿色技术减少对环境的污染。能够减轻矿产开采对环境的影响的绿色技术有无尾矿的选矿技术、空层注浆技术、钻孔溶解的开采技术、煤层地下气化技术、采空区充填技术、条带开采技术、原位漫出开采技术、对地下采空区加固综合利用的技术、固体废弃物处理技术、矿山生态重建与土地复垦技术。

2. 清洁生产

清洁生产就是将综合预防的环保策略持续应用于生产过程中。从生产过程出发，清洁生产包括材料和能源的节约、不使用有毒有害材料、对于产生的废物要进行处理以减少其毒性和数量；从产品方面出发，清洁生产存在于产品生产的整个过程中。矿业生产要采取清洁生产的方式，减少排放污染物质，减少对环境的破坏。

对矿产资源进行综合利用，可以充分发挥材料的价值，变废为宝，物尽其用，减少废物排放，增加经济效益。例如，开采煤矿产生的煤矸石，是煤矿资源的废物，但是它却是制造空心砖的原材料，使用煤矸石作为空心砖的原材料可以减少黏土的使用量，减轻农田破坏程度，同时还能减少矸石占用土地的面积，煤矸石因长期堆放污染环境的问题也能得到很好解决。

开采矿山时产生的废水，也要加以利用，可以根据不同的水质采用不同的方法进行回收处理。这些处理方法有中和法、电解法、吸附法、混凝过滤法、离子交换法、膜分离法等。

3. 工程治理措施

工程治理措施指的是治理不同的矿山环境问题的方法。以往的经验表明，它有多种优点，如具有针对性、能够快速见到效果、经济效益与环境效益显著等。但它也有投资较大的缺点。

工程治理的问题主要包括矿山开采时引发的泥石流、边坡失稳、地面塌陷、滑坡崩塌、毁坏耕地等问题。工程治理的主要工程有土地复垦、井下填充、人造水面养殖、护坡工程及排水工程。

面对因尾矿的堆放，矿山挖掘及削坡等导致的泥石流、崩塌及滑坡等矿山环境问题，通常采用拦截阻挡、进行排水及护坡保护等工程措施，它的具体工程和治理地质灾害的工程类似。

采空区的塌陷是一种有很大危害而且比较常见的问题。对于大规模的塌陷区，通常采用搬迁的方式；对于小规模的塌陷区，可以采取工程措施，如在塌陷区建立人工水面，进行养殖或其他项目开发。

4. 生物恢复技术

生物恢复技术指的是对于采矿破坏的地表环境，通过植树、种草等方式进行环境改善的措施。它的特点是效果好、易操作、成本低，能够得到广泛应用。它也是世界上针对环境问题的普遍治理方法。

生物恢复技术针对的是露天开采建材类和非金属矿山开发而导致的破坏地貌景观、破坏植被、耕地减少及水土流失等环境问题。治理时应该根据当地的气候选择所种的物种，要选择生长周期短、涵盖能力强的植物。

生物恢复技术常用于闭坑矿山和正在生产的矿山的治理活动。对于已经闭坑的矿区，进行生物恢复治理的同时还要与当地实际情况相结合，解决其他的环境问题，做到综合治理；对于正在生产的矿山，要在开采过程中对破坏的环境及时进行生物恢复，不要积累问题，要积极治理，缩短环境的恢复周期。

5. 采煤塌陷地的恢复治理技术

①充填塌陷区。这种方法是指把矿区开采中产生的粉煤灰、煤矸石、露天矿剥离物等可以利用的材料填充矿区开采塌陷地，以此来复垦土地。它常用于矿业产出材料充足、填充物没有污染的矿区。这种方法既解决了废物的处理问题，又解决了塌陷区的复垦问题，是一种经济有效的方法。

②挖深垫浅法。这种方法的实施过程是对于塌陷深的区域，使用挖掘机械进一步挖深，使之形成水（鱼）塘，将挖出的土壤填入塌陷浅的区域，使之形成耕地。该方法可以将种植业与水产业有机结合起来，共同发展。挖深垫浅法主要适用于塌陷深且积水水位在中、浅位置的地区。它的优点有适用的范围广泛、操作的方式较为简单、有很好的生态效益和经济效益等。因此，常用于采煤塌陷地的复垦工程。

③疏干法。它指的是利用合理的排水措施，将采煤塌陷地的积水排干，然后进行必要的修复工作，使采煤塌陷地可以恢复使用的一种方法。它常用于地表沉降浅、水位不高而且通过正常的排水和修复就能得以恢复利用的塌陷区。其优点是不用改变原有土地用途、能快速见到效果、不用投入太多资金。

④直接利用法。塌陷地区范围较大的矿区，尤其是伴有较深、较大的积水的矿区，它们难以复垦，但可以根据具体情况因地制宜地直接利用，如浅水种植、养鱼养鸭等。

⑤修整法。对于没有积水且塌陷较浅的矿区，可以进行修整，通过平整土地或修造梯田的方式进行土地复垦。

⑥生态工程复垦。生态工程复垦指的是结合生态工程技术与土地复垦技术，运用生态系统的物质循环与物种共生等原理，综合运用环境科学、生物学、系统工程学、农业技术及生态经济学等科学理论，通过系统工程的方法，对因采矿破坏的土地进行设计的多层次利用工艺技术。生态工程复垦的目的是使各要素实现优化配置，实现能量与物质多级分层利用，提高转化效率，提高生产能力，以便得到社会、经济、生态的综合效益。生态工程复垦目前正处在试验阶段。

三、土地复垦

土地复垦指的是对经人为或自然原因破坏的土地进行治理，使土地恢复到可以利用的状态的活动。广义的定义指的是对退化或破坏的土地恢复其生态系统，对其再生利用的综合性技术过程；狭义的定义指的是对矿区用地进行生态恢复和再生利用。

由于生产建设破坏的土地，要根据谁破坏谁负责的原则，由生产建设者负责土地复垦，而一些由于历史原因不能确定谁负责复垦的土地，由县级以上的政府负责土地复垦，经自然灾害破坏的土地也由县级以上的政府负责。由土地复垦义务人负责复垦的土地有：第一，矿区开采造成地面塌陷的土地；第二，采矿产生的固体废弃物堆占用的土地；第三，挖沙取土、露天采矿等挖掘地表破坏的土地；第四，生产建设及基础设施建设临时占用所损毁的土地。

（一）开采对土地的破坏

1. 土地破坏的类型

根据不同分类标准，可以对被破坏的土地进行不同分类，国外学者将开采煤炭破坏的土地划分了两类，一种是破坏景观，另一种是破坏生态。景观的破坏大多是在采煤地区。煤炭开采破坏了采煤区及其周边地区的生态环境。依据对土地的物理形态改变，土地破坏可以分为塌陷、压占和挖损三类。采煤形成的采空区，先影响采空区周围的岩石，随着煤炭的开采，影响范围扩大，最终引起地表沉降，形成塌陷区。露天开采产生的剥离物及煤矸石堆放会占用土地。矿山工业广场的建设和露天开采都会对土地造成不同程度挖损。

2. 土地破坏的特点

露天开采和井工开采是开采煤矿的两大类方式。这两种方式破坏土地的形式、途径及程度都不尽相同。露天开采主要由于外排土场压占和采场挖掘对土地造成破坏；井工开采主要是由于矸石压占和开采沉陷对土地造成破坏。

因此，开采煤矿破坏土地资源的情况主要有三个方面：一是井工开采导致地表塌陷破坏土地；二是露天开采挖损地表破坏土地；三是井工开采产生废石、矸石及覆岩剥离物压占土地进而破坏土地。

①矿区开采塌陷土地。井工开采引起塌陷破坏土地的程度，由于地质采矿、自然环境及矿区地形地貌等条件不同，可以大致分为如下三类。

第一，低潜水位平原地区，这样的地区由于地下水位低，矿区开采引发塌陷后，常年积水的面积小，但是积水区周围容易发生季节性积水，造成土地盐渍化和水土流失，破坏土地环境。我国黄河北部的许多平原矿区的环境破坏均属于这种情况。

第二，高潜水位平原地区，这样的地区由于地下水位高，矿区开采引发塌陷后，会产生大面积的常年积水，积水区周围更是容易发生大面积季节性积水，造成耕地绝产，破坏农田水利设施，影响十分严重。我国的黄淮海平原的中东部矿区的环境破坏就属于这种情况。例如，淮北矿区每开采 1 万 t 煤就会造成土地塌陷 0.28 hm^2，并伴随 35% 的积水。

第三，山地丘陵地区，这种地区由于地势高，开采塌陷后，没有明显积水，对土地的破坏程度较小，只是在部分地区会出现沉降漏斗或裂缝，个别地区会造成滑坡、泥石流等。我国东北、华北、西南、西北、华中等大部分山地与丘陵矿区的环境破坏就属于这种情况。

②露天开采挖损土地。露天采矿场是开采所形成的采坑、台阶和露天沟道的总称，露天矿投产前需挖损大量土地。据相关统计，露天开采正常生产后每开采 1 万 t 煤，需要挖土 0.02 ～ 0.18 hm^2，平均约为 0.08 hm^2。

③矸石山压占土地。矸石山不仅占用土地，还会污染土地。矸石山经日晒会产生自燃，污染大气；矸石山经雨淋会呈现酸性、碱性或产生有毒有害物质，污染土地和水体。它是矿区的主要环境问题。

④排土场压占土地。排土场是矿区开采过程中产生的废石的排放场所。我国许多露天矿都是用外排土场方式开采，这种方法占用的土地是井工挖掘破坏土地的 1.5 ～ 2.5 倍，平均约为 2 倍。露天开采正常生产后每开采 1 万 t 煤产生的废石需要占用土地 0.04 ～ 0.33 hm^2，平均约为 0.16 hm^2。

3. 土地破坏的程度

目前关于煤炭开采对土地破坏程度的研究大多是对微观地形破坏程度的分析。随着人口、资源、环境矛盾逐渐尖锐，关于煤炭开采对土地破坏程度的研究也逐渐趋向宏观研究。煤炭开采造成的土地破坏在不同地区其程度差异很明显。这种差异与生产规模、地理位置、地质采矿因素和开采方法等有关。开采的规模越大，土地的破坏程度越大。矿山的具体位置、人口密度、经济社会因素、地形、水文、气候等差异对土地破坏程度也有很大影响。根据景观生态学的原理，耕地是一种存在生物量低、对干扰的抗性较小的景观，因此煤炭开采对耕地的破坏程度较大。煤层的赋存条件、煤层顶底板岩石岩性等地质因素对土地的破坏程度也有不同程度的影响。煤炭的开采方式差异对土地的破坏程度也不同。实践表明，顶板管理方法和采煤方法对覆岩破坏、岩层移动的影响最大。条带法、充填法等开采方法对土地的破坏较小。

（二）土地复垦技术

土地复垦技术是现今治理土地的主要方式，它包括以下七种技术。

1. 生物复垦技术

生物复垦是利用生物措施恢复土壤肥力和生物生产能力的技术，它是废弃土地实现农业复垦的重要一环。生物复垦的内容主要有筛选植被品种与改良土壤。我国在进行矸石山复垦、固体废物充填复垦及排土场复垦中运用了生物复垦技术，并取得了显著效果。

筛选植被品种指的是通过经验类比、现场种植试验及实验室模拟种植试验等方法筛选植被品种。筛选出的品种应该适应性强、耐贫瘠、生长快、抗逆性好，并且要尽量用当地的植被品种。

土壤改良的方法主要有以下几种。

①绿肥法。它指的是在需要复垦的地区种植豆科草本植物的方法。这些植物在土壤中的微生物作用下，不仅可以释放大量养分，而且可以转化腐殖质改良土壤，它们的根腐烂后有胶结和团聚作用，可以改良土壤理化性状。

②施肥法。它指的是通过对需要复垦的地区施以大量的有机肥，增加土壤中有机物的含量，消除过砂、过粘的土壤的不良理化特性，以达到改良土壤的目的的方法。

③客土法。该方法针对的是过砂、过黏的土壤。对于过砂的土壤采用掺泥的方法，而对于过粘的土壤采用掺砂的方法。其通过调节泥沙比例以改良土壤，

提高土壤肥力。

④化学法。它针对的是酸碱性土壤。对于碱性土壤，常用氯化钙、石膏及硫酸等进行中和；对于酸性土壤，常用石灰来进行调节。

2. 生态农业复垦技术

生态农业复垦的类型有很多种，其中塌陷区水陆交换互补的物质循环是最典型的类型。它主要是利用塌陷区的积水，依据水生生物的习性和其在水中的生态位，按照生态学食物链的原理进行组合，以形成农、渔、禽、畜相结合的综合生态农业类型。

3. 煤矸石充填复垦技术

这种技术是把矸石当作材料对露天矿坑、塌陷区等进行填充，它既减少了对土地的占用，又减轻了矸石对环境的污染，同时还使得塌陷的土地得到了恢复，一举三得。煤矸石充填复垦技术是各个矿区土地复垦的主要途径。

用矸石填充农林种植地时，要做到下部紧实上部疏松，保证土地的营养不流失，以利于植物生长。耕地的复垦厚度应该大于 0.5 m，当用矸石填充建筑用地时，为了加强地基的稳定性和承载力，要分层填充、分层振压。建筑用地的复垦厚度应该是 0.2 ～ 0.5 m。

4. 平整土地和修建梯田复垦技术

适合平整土地或改造梯田的地区有露天矿剥离物堆放场、无积水的沉降区、井工矿矸石山及积水沉降的边缘区等。我国地形划分的标准是：地表坡度小于 2° 的是平原，地表坡度在 2° ～ 6° 的是丘陵，地表坡度大于 6° 的是山地，地表坡度在 25° 以上的是高山。开采煤矿造成的坡度通常都比较小，采煤沉降后，对于地表坡度小于 2° 的，可以通过平整土地复垦农田；对于地表坡度在 2° ～ 6° 的，可以通过沿等高线修建梯田复垦土地，修建梯田时应沿等高线向内倾斜，种农作物时应采用等高耕作并做到农林相间，这样有利于拦水保墙、减少水土流失。在采用平整土地和修建梯田复垦技术时应该注意一些问题，如梯田断面要素的确定、土地平整后标高的确定、排水灌溉措施的配套及表土层的分层剥离和存放等。

5. 粉煤灰充填复垦技术

中国坑口电厂发展很快，现已装机 2000 万 kW 以上，年排灰量达 2000 万 m³。粉煤灰随意堆放不仅会占用大量土地还会在风力作用下四处飘散污染环境。

把粉煤灰作为材料填充塌陷区，不仅保护了环境，减少了土地的占用，还修复了塌陷区的土地，对农民、电厂及煤矿都有利。粉煤灰充填复垦技术是一种经济、有效的复垦方法。如果把坑口电厂的粉煤灰都用来填充塌陷区，那么土地复垦面积每年可增加 $400 \sim 500 \ hm^2$。

当前粉煤灰复垦技术主要应用于农林作物种植，其上产出的作物符合卫生标准。含氟的粉煤灰应该用于与食物无关的林木。

6. 挖深垫浅复垦技术

挖深垫浅指的是通过机械设备将积水面较大、较深的区域进一步挖深，使其适合栽藕、养鱼或蓄水灌溉，把挖出的泥土填入积水面较小、较浅的区域，使其适合耕种。这种方法主要是利用积水的有利条件，把原来单一的种植业转变成了养殖与种植相结合的生态农业，使经济效益与生态效益共同发展。我国的华北、华东等地区的矿业主要运用这种方法进行土地复垦。现今挖深垫浅采用的机械设备主要是水力挖塘机组，它具有低成本、高效率、操作简单等优点。

7. 疏排法复垦技术

矿区开采导致的地表塌陷积水，会影响农作物的耕种。对于积水可以分为两种情况进行分析解决。一种是沉降区的地面标高高于外河水位时，可以在沉降区内建立疏排水系统，通过自排的方式排除多余的水以恢复耕种的方法，这种方法的关键是排水系统设计及疏排水方案选择。另一种是沉降区的地面标高低于外河水位时，可以采用直接充填的方式或强排法，排除沉陷区的积水以恢复耕种。

四、节能减排与生态重建

（一）节能减排

节能减排，从广义上说，它指的是节约能量与物质资源，减少废弃物及破坏环境的有害物质的排放；从狭义上说，它指的是节约能源、减少污染物排放、降低能源消耗。节能减排分为节能和减排两部分，它们既有联系又有区别。通常情况下，节能就一定减排，但是减排却不一定节能。因此，减排的措施必须注重节能，不能因为片面追求减排反而造成更多的能源消耗。

1. 节能减排工作重点

①调整产业结构。一是发展第三产业，为提高社会效率及促进专业化分工，

发展生产性服务业，为方便人们生活，满足人们需要，发展生活性服务业；二是发展高技术产业，加快创新型工业道路发展，升级传统产业，增加高技术产业在工业中的比例；三是优胜劣汰，对于生产能力弱、技术设备落后的产业要进行淘汰。

优化产业结构，推动产业转型。我国发展改革委提出：应利用国际金融危机的倒逼机制，将化解产能过剩矛盾当作调节产业结构的重点，通过淘汰落后、境外转移、扩大内需、兼并重组，把调整生产力布局、化解过剩产能及改造传统产业三者相结合，努力取得实效。

②发展循环经济。依据循环经济理念，发展循环经济的内容包括建设生态农业园区、改造园区生态化、建设跨产业生态链、发展行业间的废物循环，企业要清洁生产，从源头上减少废物的产出，将治理污染的过程由末端治理转向预防，促进企业包装废弃物、工业固体废弃物减量化与资源化利用，减少污染物的排放量，使资源利用率得到提升。循环经济的重点是将产业链上游产业的废弃物转变成产业链下游产品的原材料，分级利用，有效做到合理利用资源、减少废物排放，促进经济效益与环境效益共同发展。

③能源的再利用。对于能源这里重点介绍的是电能。企业要合理、节约地使用电能，将一些不用的废弃能源转化为电能，是节能减排的重点工作。节约用电，通过专业的节能技术改善工矿企业因为机电设备的生产工艺落后而造成的高耗能现象，工矿企业中的电能消耗是非常大的，尤其是在矿业众多的中国。在不影响正常生产的情况下节约能源，改善工矿企业的严重耗能现象，将会节约下一笔巨大的能源财富。煤焦化产业、水泥业、冶金业在生产过程中会产生大量的余热、尾气、烟气，将这些采集起来用作发电，不仅可以得到大量的电能，还能减少烟气对环境的污染，保护环境。

④技术的创新。提高科技水平，鼓励创新型企业发展。针对资源高效循环利用的问题，研究再利用技术、替代技术、系统化技术、资源化技术、减量技术等，促进循环经济发展。

⑤政府要发挥领导作用。政府要以发展循环经济，构建节约型社会为目标。成立工作机构，研究制定各项政策措施，设立专项资金，对循环经济发展项目要重点扶持，对节能降耗活动要予以支持，对节能减排技术创新要给予补助。

2. 节能减排实施措施

①控制企业增量并优化产业结构。加强对企业的入门管理，严格把握市场准入的关卡。对开采矿业的企业要严格把关。他们项目的生产活动必须符合节

废弃矿区的生态修复技术研究

能、环保等六个必要条件。调整产业结构，淘汰落后的生产力，控制高污染、高耗能的行业，鼓励高技术产业与第三产业发展。

②加强对污染的防治工作，促进节能工程建设。进行燃煤电厂二氧化硫治理、设立水资源节约项目、建设水污染治理工程，并且通过多种渠道筹集资金进行节能减排活动建设。

③发展创新，促进循环经济发展。推行循环经济试点，促进垃圾资源化利用及资源综合性利用。制订循环经济的发展计划，企业要清洁生产。相关部门对节能减排效果不佳的企业实行严格监管度，以督促企业清洁生产。

④发展先进的科学技术，推广新技术的应用。努力研发节能减排新技术，并进行广泛推广示范，加强与节能减排技术相关的服务建设，促进节约资源、保护环境工作的有效实行。加强节能环保电力调度、国际交流合作，并要建立节能技术服务体系，促进节能产业发展。

⑤加强管理。相关部门要出台、建立节能的目标责任制及节能评价考核制度，做到明确责任和目标，使政策措施要落到实处。对固定资产投资项目要严格监督其节能工作，进行审查和评估。对重点耗能的企业要进行跟踪、监管和指导，对未达标的企业要强制整改。加强对电力需求的管理，扩大能效标识在照明产品、变频空调、燃气热水器及多联式空调上的应用。加强对节能产品的推广，使其能得到广泛应用。加强对企业的节能检查，建设科学、合理的节能减排监测体系。

⑥对高耗能企业进行节能整改。研发节能的炉型，采用优质保温材料，降低炉窑散热损失。运用先进的燃烧装置，使炉内燃料充分燃烧，提高资源的利用效率。但是，如今加强燃烧效率和降低热损失的技术尚不完善，为实现节能减排的目的，还可以进行烟气余热回收，这也是一种有效的节能方式。

回收烟气余热的方法有两种：一种是通过余热发电或生产蒸汽，即利用热气驱动汽轮机进而替代电机，或直接利用热气驱动发电机组进行发电，而余热锅炉生产的蒸汽可用于企业工艺生产，另一种是通过余热干燥原材料或预热，即将锅炉余热通过换热器来进行原材料干燥、预热或加热空气和水等工作。充分发挥锅炉余热的作用，使这些工艺不用再消耗其他能源。

将工业中的余热进行回收利用是目前大部分企业进行节能的最有效技术，特别是高耗能企业更是利用这项技术节约了大量能源。有的企业常运用余热和压差来驱动发电机组工作。这种技术结合了发电技术、透平驱动技术以及余热锅炉生产蒸汽技术，是多学科互相交叉渗透的领域。

负能生产技术是一种新型的节能技术，它常用于化工、冶金等行业。它是将一些反应热回收利用的过程。例如，负能变换技术、化工行业的负能合成及钢铁企业的负能炼钢技术等。

⑦建立健全相关法律法规。有关部门要加大对节能环保的监督检查力度，对节能减排实行专项检查。政府出台了《循环经济法》等法律法规，并制定了配套的法律法规。相关部门对16个高耗能产品制定了国家标准的能耗限额，制（修）定了17种终端用能产品能效标准和21项节能基础与方法标准。

⑧制定相应的奖励机制。对于研发节能减排的项目给予资金支持，对于节能减排企业的税收应给予减免。要使国内外的金融资金、政府贷款转向节能减排方向。

⑨加强对节能减排的宣传。对广大群众进行宣传教育，提倡节约资源、保护环境。积极开展地球日、世界环境日及城市节水宣传日的活动。在学校进行节约资源、保护环境的教育，培养人们的节约意识。

⑩政府带头，发挥节能表率作用。

（二）生态重建

矿区生态重建（恢复）的主要工作是将人类破坏的矿区生态系统恢复成具有生物多样性和动态平衡的本地生态系统。我国生态重建要注重以下两个方面。

1. 生态重建运行机制不健全且资金短缺

现今我国的大部分矿区仍处于开采的中后期，有的甚至几近枯竭，从而导致今后的很长一段时间有大量矿区废弃地需要复垦。而我国的生态重建运行机制尚不健全，矿区复垦的专项资金有些尚未落到实处，这些都制约着我国矿区复垦工作的开展。正在运行的矿山，需要开采和复垦同步进行，但这种模式并未得到有效实施，我国矿区复垦仍处在先破坏后治理的阶段。

2. 矿区土地复垦与生态重建面临的困境

土地复垦与生态重建是一个交叉学科，涉及土地、环境、矿业、农业等多个学科。目前矿区土地复垦与生态重建面临着诸多挑战，管理存在交叉重叠现象，缺少协调的机制和机构。例如，在矿山开采生态补偿方面，本来补偿的目的是将矿山生态环境恢复治理到或超过原生态环境，而不是单纯地对造成环境污染者收费或对损失价值予以经济补偿；政府生态管理有关职能部门职责交叉、分工不明，导致了管理者对采矿企业生态补偿行为的监管和激励机制不完善。

第七章　国外矿区的生态环境管理经验借鉴与矿区生态新发展

国外循环经济是国家逐步解决了工业污染和部分生活型污染后，由后工业化或消费型社会结构引起的大量废弃物逐渐成为其环境保护和可持续发展的重要问题，因而产生的以提高生态效率和废物的减量化、再利用及再循环为核心的经济理念与实践。本章分为国外矿区生态借鉴、矿区循环经济建设两部分。

第一节　国外矿区生态借鉴

一、国外矿区生态修复的发展概况

土地复垦与生态重建首先产生在工业发达的国家，这主要是由于工业化发展使土地破坏达到了非常严重的程度。美国和德国是最早开展土地复垦与生态重建的国家，开始于 20 世纪初。20 世纪 50 年代和 60 年代，许多工业发达国家加速进行复垦法规和复垦工程的实践活动，自觉开始了科学复垦的工作，进入 20 世纪 70 年代，矿区生态环境修复集采矿、地质、农学、林学等多学科为一体，已发展成为一门牵动着多行业、多部门的系统工程，20 世纪 80 年代以后，许多工业发达国家的矿区生态环境修复工作已步入正轨。

美国主要研究露天矿的复垦（特别是煤矿），对复垦土壤的重构与改良、再生植被、侵蚀控制和农业与林业生产技术等方面的研究较深入，对矿山固体废弃物的复垦、复垦中的有毒有害元素的污染防治和采煤塌陷地复垦等方面也有一定的研究成果。近年来其对生物复层和复垦区的生态问题也给予了高度重视，为推动土地复垦的研究工作和技术革新，美国专门成立了"国家矿山土地复垦研究中心"（NMLRC），并由国会每年拨 140 万美元作为土地复垦研究的专项经费，组织多学科专家攻关。此外，美国露天采矿与土地复垦学会还每季度出版一期会讯，每年组织一次全国学术会议，因此美国的土地复基研究是世界上最活跃的，且技术水平也比较高。

加拿大与美国一样，也在广泛而活跃地开展土地复垦研究，除与美国一样在多个领域开展研究之外，其对油页岩复垦及由于石油和各种有毒有害物质造成的土地污染问题也给予了高度重视。加拿大政府每年出资支持土地复垦研究以保护环境，加拿大土地复垦协会每年召开一次学术年会并负责编辑出版国际土地复垦家联合会会讯和《国际露天采矿、复垦与环境》杂志。

德国关于土地复垦的最早记录出现在 1766 年，当时的土地租赁合同明确写明采矿者有义务对采矿迹地进行治理并植树造林，而德国系统地对土地进行复垦始于 20 世纪 20 年代。德国的土地复垦可分为四个阶段：第一阶段的土地复垦主要是试验性的植树造林，那时人们已经有意识地进行多树种混种，使重建的林地像原始森林一样，各种树种混杂，具有多种生态功能；第二阶段始于 1946 年，第二次世界大战后的德国百业待兴，对煤炭的需求量剧增，采矿活动对土地的占有量也随之加大，这使得政府和企业不得不考虑对环境的重建。1950 年 4 月北莱茵州颁布了针对褐煤矿区的总体规划法，同时对《基本矿业法》进行了修订，将"在矿山企业开采过程中和完成后，应保护和整理地表，重建生态环境"第一次写进了法律，受当时经济状况的影响，北莱茵州的露天矿场回填后，主要是栽种杨树。第三阶段始于 20 世纪 60 年代西德对林业复垦状况进行的改进，其具体措施有：把早期种植的杨树砍掉，取而代之种植橡树、山毛榉、枫树等，并且随煤炭开采力度加大和矿场迁移，土地复垦不再是植树造林，而是存在多种用途。东德褐煤区的土地复垦与西德的做法不同：20 世纪 60 年代主要是林业复垦，20 世纪 70 年代农业复垦受到重视，土地的经济用途得到强调，土地的生产力和林木的经济价值成为衡量土地复垦成败的主要指标，但生态环境的重建工作并未受到重视，20 世纪 80 年代由于对煤炭的开采力度不断加大，矿区作为能源基地不断扩建，采矿所造成的土地和环境损害也随之加重，但由于资金短缺，土地复垦被推到"未来"。随着东西德合并，德国土地复垦进入到第四阶段，在北莱茵地区，由于生态意识增强，重构生态系统的要求受到人们重视，矿区重建目标已从以林农业复基为主转向建立休闲用地、重构生物循环体和保护物种的模式上来，即所谓的混合型土地复垦模式，该模式中农林用地、水域及许多微生态循环协调、统一地设立在一起，从而为人和动、植物提供了较大的生存空间。其中一个成功的例子是汉巴赫矿区外排土场的复垦，莱茵州褐煤公司从 1984 年开始详细规划，对汉巴赫矿外排土场进行复垦，如今该外排土场已被重建成为一个别具特色的风景区。

英国也是开展土地复垦较早的国家之一。目前，该国主要以污染地的复垦和矿山固体废弃物为研究重点。此外，澳大利亚、波兰、南非等国家对土地复垦的研究也十分深入，复垦技术也较先进。

二、美国矿区生态修复的经验

美国矿山环境治理的技术规范与要求大部分是以《复垦法》中的复垦要求为依据制定的，主要包括以下几方面。

①遵循"原样复垦"的基本原则，要求企业按采矿前土地的地形、生物群体的组成和密度进行恢复。

②固体废物堆放和填埋都要进行技术处理，防止可能发生的滑坡，并防止填埋废物对水体产生污染。

③在矿产资源的勘探、开采、洗选和加工过程中产生的废水，厂矿必须自行对废水做出处理或将污水送入污水处理厂。

④在土地复垦中，对复垦所需要的填充物做出了具体的规定，如填充物的密度（根据复垦后的土地用途而定）、填充物混合的比例、填充的高度、表土覆盖等都做出了具体要求，并有专门的技术管理部门负责检查监督。

美国矿山环境保护监督管理在实施时具有以下几种基本制度。

（一）矿山环境审查评价制度

矿山环境审查评价制度是政府管理部门对提出申请的矿山环境的资料进行审查和评价，以决定是否批准申请的法理制度。矿山环境的客观评价资料，是政府管理部门审批矿山申请的基本依据。

（二）环境恢复保证金制度

矿山环境恢复保证金制度是指采矿权人在取得采矿权许可证之前，必须以一定数量的资金、资产作为环境恢复保证金，该保证金要存放在有关管理机关，以确保矿山环境得到恢复。

（三）环境许可证制度

矿山许可证不是一般的证书，而是一份具有法律效力的详细文件。环境许可证都附有文件，以明确矿业主在矿山环境保护和复垦方面的主要责任，对矿业主有特殊要求的还会附图。环境许可证是矿山开发前矿业主必须具备的法律证书，未取得许可证的矿山，不得进行开发活动。

第二节　矿区循环经济建设

一、循环经济的内涵

随着社会的发展，环境污染和资源枯竭越来越成为困扰人类的主要难题，人们开始思索和反思经济社会的运行方式。根据科学发展的范式理论，经济社会发展有两种不同的范式：一种是生产过程末端治理范式；另一种是循环经济范式。在现阶段，许多国家和地区的经济发展范式仍然以生产过程末端治理为主，其理论依据前期主要是庇古的外部效应内部化理论，通过征收"庇古税"来达到减少污染排放的目的，后期主要是科斯定理，其指出只要产权明晰，就可以通过谈判的方式解决环境污染问题，并且可以达到帕累托最优。再后来，又兴起了环境库兹涅茨曲线理论，该理论认为环境污染与人均国民收入之间存在着倒 U 形关系，只要人均 GDP 达到某个程度，环境问题会迎刃而解。除此之外，还有环境资源交易系统的最大最小理论等。这些理论为早期的环境经济学研究提供了理论分析的基础，确立了污染者付费原则。这一范式曾经对于遏制环境污染的迅速扩展发挥了历史性作用。

20 世纪 60 年代，美国经济学家鲍尔丁提出了宇宙飞船理论，他指出，地球就像一艘在太空中飞行的宇宙飞船，要靠不断消耗和再生有限的资源而生存，如果不合理开发资源，肆意破坏环境，人类就会走向毁灭。这是循环经济思想的早期萌芽。20 世纪 80 年代，国际社会逐步形成可持续发展和清洁生产的战略思想。到了 20 世纪 90 年代以后，随着环境革命和可持续发展战略成为世界潮流，学界开始形成融清洁生产、资源综合利用、生态设计和可持续消费等为一体的循环经济战略思想，并正在成为环境和发展领域的一个主流思想。

循环经济是对物质闭环流动型经济的简称，指的是物质、能量进行梯次和闭路循环使用，在环境方面表现为低污染排放，甚至零污染排放。循环经济的模式可简化为资源—产品—再生资源的循环利用模式。传统经济的特点是两高一低，即高消耗、高污染、低利用，而循环经济则表现为两低两高，即低消耗、低污染、高利用率和高循环率，其本质是生态经济。

循环经济为了实现环境与可持续发展的双赢，将高效生态经济系统和生态环境系统的结构和功能结合了起来，这样人们能够充分利用材料、能源和信息，不会造成资源浪费，即促进经济增长而不恶化，甚至改善资源。

循环经济的概念有以下两种。

①广义的循环经济。循环经济是在人、自然资源和科学技术的大系统内，

在资源投入、企业生产、产品消费及其废弃的全过程中不断提高资源利用效率，把传统的依靠资源消耗增加发展转变为依靠生态型资源循环发展的经济。

②狭义的循环经济是指在经济发展的过程中借助对废旧物资的再利用、再循环等手段进行社会生产。

二、循环经济的基础

（一）绿色经济

人们在集约经济提出后又提出了绿色经济。集约经济是高密度地投入自然资源和高度利用自然资源的经济。在高密度地投入自然资源与高度利用资源之间，高度利用自然资源是重要的，而对自然资源的高度利用就是循环利用。因此，集约经济的实质也是循环利用自然资源的经济。绿色经济就是用自然界植被的绿色循环把循环经济形象化。绿色经济又叫环保经济，主要指防治污染，使过去传统工业化的经济与自然界的循环相协调。

（二）清洁生产

传统工业经济是把自然生态系统当作取料场和垃圾场的，不合理的线性经济。传统工业经济的生产模式，如图 7-1 所示。在这种经济模式中，人们完全没有考虑自然系统的承载能力。人们高强度地把地球中的矿物和能源提取出来，然后又把污染和废物大量排放到水系、空气和土壤中，对资源的利用是粗放的和一次性的。其基本特征为高消耗、高污染、低效率。

图 7-1　传统工业经济的链式生产模式

循环经济是一种生态型的闭环经济，可以形成资源利用的合理封闭循环。循环经济的环式生产模式如图 7-2 所示。

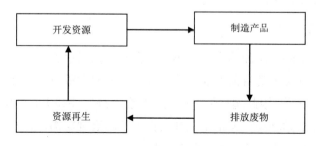

图 7-2　循环经济的环式生产模式

（三）生态经济

生态经济在一定意义上可以说是循环经济的别名，但两者之间也有一定的差异。生态经济就是一种尊重生态原理和经济规律的经济。它把人类经济社会发展与其依托的生态环境作为一个统一体，使经济社会发展遵循生态学理论。生态经济所强调的就是要把经济系统与生态系统的多种组成要素联系起来进行综合考察与实施，要求经济社会与生态发展全面协调，达到生态经济的最优目标。

三、循环经济的特征

（一）客观性

客观性也可称为内在规律性，是指循环经济的出现是人类社会经济发展进程中所必然出现的一种社会生产和再生产方式，是不以人们的意志为转移的社会经济发展的客观现象，是人类社会发展到一定程度之后，面对有限的资源与环境承载力所做出的必然选择。

（二）科技性

循环经济的出现和发展是以先进的科技作为依托的。只有通过不断进步的技术，才能实现更大范围和更高效率的资源循环利用，同时不断拓展可供人类使用的资源范围，从源和流两个方面解决人类所面临的资源短缺和生态环境保护问题。

（三）系统性

循环经济是一个涉及社会再生产领域各个环节的系统性、整体性经济运作方式。在不同的社会再生产环节上，它有不同的表现形式，但不能因此将其割裂开来看待。只有通过整个社会再生产体系层面的系统性协调，才能真正实现资源的高效循环利用。

（四）统一性

统一性包括两个层面的含义。第一层含义是指通过循环经济的社会再生产方式，既可以解决人类目前所面临的资源、环境两大危机，又能实现人类社会经济的可持续发展，因此循环经济是人类社会经济发展和生态环境保护的统一。第二层含义是指循环经济无论是在社会再生产的宏观层面还是在产业和企业的中微观层面，其核心都统一于资源循环利用。

四、矿业循环经济的发展历程

（一）粗放型生产模式阶段

20 世纪 80 年代前，矿业受产业政策和当时价格体系的影响及技术发展的限制，先进的生产工艺不普及，生产的同时造成了环境污染，企业从事"高开采、低利用、高排放"的粗放型生产，资源消耗高、浪费大，造成了环境污染。

（二）环保末端治理阶段

20 世纪 80 年代中后期，随着国家对环保的日益重视和《环保法》及《环保标准》的相继制定和出台，企业开始被动地进行环保末端治理，但仅限于污染治理，固体废物、废水未能得到综合利用和循环使用。

（三）资源综合利用阶段

在该阶段企业加大了对现有生产工艺技术攻关并引进国内外先进技术，逐步对矿山、冶炼进行技术革新和加工产品链延伸；同时，企业的环境保护、资源利用与节能降耗意识逐步加强。很多企业进行了技术改造，引进先进的生产工艺技术。

企业的固体废物得到再利用，内部资源得到再循环，经济效益也逐步得到提高。经过多年的研究，1997 年我国组建了从废石堆进行湿法冶金提铜试验工厂，运用生物技术成功地从含铜废石中提取了合格的电积铜，并使之产业化，建成了具有年产商品铜 1000 t 能力的湿法炼铜工厂。

（四）清洁生产阶段

20 世纪 90 年代末，主要厂矿实施清洁生产，强调减少废石、废渣排放的"低开采、低排放（或零排放）、高利用"的新型工业化方式。企业通过改进设计、采用先进的工艺技术与设备、改善管理综合利用等措施，开始从生产的全过程控制物质利用和污染排放，从源头减少污染，对生产过程中产生的废物废水和余热等进行综合利用或循环使用，提高资源利用效率并减少或者消除其对人类健康和环境的危害。

（五）传统经济向循环经济转型阶段

近些年，矿业企业开始全面认识循环经济，对发展循环经济促进企业经济转型的重要性、必要性、紧迫性有了进一步认识，并按照循环经济理念，加快企业循环经济发展。循环经济所采取的主要措施包括废弃物资源化、清洁生产、绿色制造资源综合利用、矿产品回收、加快矿业生态工业园建设等。

五、循环经济的模式参考

（一）工业企业内部循环

这种模式可称为企业内部的循环。企业根据循环经济的思想设计生产过程，促进原料和能源的循环利用，通过实施清洁生产和 ISO 环境管理体系，积极采用生态工业技术和设备，设计和改造生产工艺流程，形成无废、少废的生态工艺，使上游产品所产生的"废物"成为下游产品的原料，在企业内部实行物质的闭路循环和高效利用，减轻甚至避免环境污染，节约资源和能源，实现经济增长和环境保护的双重发展。

杜邦化学公司模式被称为企业内部的循环经济，其方式是组织厂内各工艺之间的物料循环。他们放弃对环境有害化学物质的生产，减少生产中有害废物排放量，回收公司废弃物再加以利用，设计制造灵巧多功能产品等一系列措施实行循环经济。20 世纪 80 年代末，杜邦公司的研究人员把工厂当做试验新的循环经济理念的实验室，创造性地把循环经济减量化（Reduce）、再使用（Reuse）、再循环（Recycle）的"3R"原则发展成为与化学工业相结合的"3R 制造法"，达到了少排放甚至零排放的环境保护目标。他们通过放弃使用某些环境有害型的化学物质、减少一些化学物质的使用量及发明回收本公司产品的新工艺，到1994 年已经使该公司在生产中产生的废弃塑料物减少了 25%，空气污染物排量减少了 70%。同时，他们从废塑料如废弃的牛奶盒和一次性塑料容器中回收化学物质开发出了耐用的乙烯材料"维克"等新产品。

（二）生态工业园区

生态工业园区即采用的企业与企业之间的循环。政府应大力发展生态工业链或生态产业园区，把不同产业或同一部门之间联结起来形成共享资源和副产品的产业共生组合，使一家企业的废热、废水、废物成为另一家企业生产第一种产品的原料或动力，其剩余物将是第二种产品的原料，若仍有剩余物，则其又是第三种产品的原料，这个过程中产生的剩余物又可能是新产业的物质，或者又成为第一种产品的原料，这样循环使用，若有最后不可避免的剩余物，则将其以对生命和环境无害的形式进行排放，尽量做到零排放。

（三）区域性综合协调发展

其集中体现在流通消费过程中物质的循环利用。政府、民间组织、民众的协力配合，为生产企业创造了物质循环利用的氛围。从社会整体循环的角度，要大力发展旧物调剂和资源回收产业（日本称之为社会静脉产业），只有这样才能在整个社会的范围内形成"自然资源—产品—再生资源"的循环经济环路。其中，德国的双轨制回收系统（DSD）起了很好的示范作用，DSD 是一个专门对包装废弃物进行回收利用的非政府组织。它接收企业的委托，组织收运者对他们的包装废弃物进行回收和分类，然后送至相应的资源再利用厂家进行循环利用，能直接回用的包装废弃物则送返制造商。DSD 系统大大地提高了德国包装废弃物的回收利用率。

六、矿业循环经济的发展思路

在达成循环经济"企业—企业间—区域或社会"的系统性框架中，具有关联性的产业体系建设是必不可少的关节点，亦为循环经济实现形式的载体。按"企业—企业间—产业间"的简单模式建设循环经济的产业体系，其基础在单个企业。单个企业内部实现循环经济具有一定的局限性，因为它肯定会形成企业内无法消解的一部分废料和副产品，于是就需要从厂外组织物料循环。这就必然需要延长产业链条，将更多具有关联性的企业或者工厂融入循环经济的产业体系因此在实践中就创设了循环经济园区。

循环经济园区就是要在更大的范围内实施循环经济，把不同的工厂联结起来形成共享资源和互换副产品的产业共生组织，使得这家工厂的废水、废气、废热、废物成为另一家工厂的原料和能源，从而扩大了环保产业的范围。

产业链的建设和管理工作主要是从产品—企业—园区这三个层次考虑：首先，园区内的企业是根据产品生命周期分析和环境标志产品要求来开发与生产低能耗、低污染、可循环利用和安全处置的产品的；其次，园区内的企业应通过环境管理体系认证，实现清洁生产和污染零排放；最后，园区建设要结合地区经济结构特点和园区发展方向，建立高水平、高起点的管理模式。

如果将循环经济园区的模式再一步放大和联结，则可以在整个社会的范围内形成"资源—产品—再生资源"的循环经济环路，即建成并运行区域或社会的循环经济产业体系。从经济学的角度说，循环经济既可以最低程度地减少企业和社会生产、消费的负外部性，也使成本收益达到最为经济的状态。因此，循环经济既是一种全新的经济行为模式，也是很经济的经济组织模式。

循环经济产业链的设计原理是运用循环经济原理，模仿自然生态系统，对企业内部产生的污染物进行综合利用，实现物质的闭路循环和能量的梯级利用，以增加资源的生态效率，提高环境效益的企业行为。设计循环经济产业链应从技术、经济和环境三方面进行考虑，技术上尽可能采用先进的技术，经济上企业要有利可图，环境上避免企业的外部不经济性，提高企业的环境效益。

长期以来，我国一直以粗放型的方式开采利用矿产资源，不仅浪费资源而且污染坏境，严重制约着企业的发展。为增加矿产资源的生态效率，解决企业发展和环境污染之间的矛盾，需要人们运用循环经济的原理，模仿生态系统的物质流和能量流来设计煤炭资源的产业链，尽可能实现物质的闭路循环和能量的多级利用，以提高资源的基本生产率和满足社会的需要。

第八章　废弃矿区的再生设计

对于废弃矿区的生态修复来说，废弃建筑的再生利用也是其中的一项重要内容，矿区中的废弃建筑具有重要的历史、文化价值，对其进行再生设计不仅能够改善废弃矿区的整体环境，还能够利用其进行旅游开发。本章分为废弃矿区再生的理论基础、工业遗产旅游与工业遗产保护、基于安全的废弃矿区再生的设计技术、创新理念指导下的废弃矿区再生设计四部分。

第一节　废弃矿区再生的理论基础

一、工业遗产的概念

对于工业遗产世界上的不同学者和组织机构有不同的看法。联合国教科文组织（UNESCO）及其领导下的国际古迹遗址理事会（ICOMOS）是世界遗产认证的国际权威机构，由世界各国文化遗产专业人士组成，是古迹遗址保护领域唯一的国际非政府组织。该组织成员身份各异，包括有关的建筑师、考古学家、艺术史学者、工程师、历史学家、市镇规划师等。他们借助于这种跨学科的学术交流，共同为保护建筑物、古镇、文化景观、考古遗址等各种类型的文化遗产而完善标准，改进技术。

国际工业遗产保护协会（TICCIH）在2003年7月通过的，保护工业遗产的《下塔吉尔宪章》中对工业遗产的定义是："工业遗产由工业文化遗存组成，这些遗存拥有历史的、技术的、社会的、建筑的或者是科学上的价值。这些遗存由建筑物、构筑物和机器设备、车间、工厂、矿山、仓库和储藏室，能源生产、传送、使用和运输及所有的地下构筑物与所有的场所组成，与工业相联系的社会活动场所，如住宅、宗教朝拜地和教育机构，也包含在工业遗产范畴内。"

工业遗产是一个复杂的系统，由环境系统、社会系统和经济系统组成的统一体。工业遗产的保护与再生也应该是以上三个系统的保护与再生。工业遗产保护与再生的目的不仅包括保护其历史价值，也包括在新时代背景下，转变功能结构，使其更适应当代条件，从而促进社会结构优化，推动地区自我更新。工业遗产具有时间、空间和文化属性。工业遗产具有完整的生命周期，从初创到辉煌到衰败再到重生，其记录了工业文明的发展辉煌和衰败，具有时间属性；工业遗产也具有空间属性，工业遗产要素分布的空间形态、布局以及和城镇的空间关系都是工业遗产保护和再生需要研究的重点；工业遗产的文化属性则反映了工业遗产要素的文化内涵及其在历史上的有机联系，是工业遗产之魂。

二、工业遗产保护的起源与发展

遗产保护与再生理论经历了从保护文物古迹、历史建筑的点状保护到历史城镇的面状保护，其注重有形和无形遗产，使自然和文化遗产保护并重。随着进入后工业时代，工业遗产保护也逐渐得到人们的重视。与其有关并具有代表性的宣言及宪章主要有《雅典宪章》《威尼斯宪章》《巴拉宪章》《世界遗产公约》《佛罗伦萨宪章》《华盛顿宪章》《下塔吉尔宪章》等。

（一）从文物古迹保护到历史建筑保护

1933 年 8 月，国际现代建筑协会制定的《雅典宪章》首次提出"有历史价值的古建筑均应妥善保存"，阐述了历史建筑保护的重要性及与城市规划的关系，遗产保护从文物古迹保护扩展到历史建筑。1964 年 5 月 31 日，世界遗产保护委员会通过了《威尼斯宪章》。其强调"历史古迹的要领不仅包括单个建筑，而且包括能从中找出一种独特的文明、一种有意义的发展或一个历史事件见证的城市或乡村环境"。它摒弃了文物古迹保护中文化精英的取向，平等对待普通的历史遗存，使得一般性民居建筑、近代工业类建筑及现当代优秀建筑也被纳入保护范围。

（二）从历史建筑保护到历史城镇（地段）保护

1976 年 11 月 26 日，联合国教科文组织大会通过了《关于历史地区的保护及其当代作用的建议》（简称《内罗毕建议》）。使遗产保护从单个建筑上升到历史地段建筑群保护。1972 年联合国教科文组织颁布了《保护世界文化和自然遗产公约》，其中明确指出有形的文化遗产包括：①文物古迹，即从历史、艺术或科学角度看具有突出的普遍价值的建筑物、碑雕和碑画，具有考古性质的成分或结构、铭文、窟洞以及联合体；②建筑群，从历史、艺术或科学角度看在建筑式样、分布均匀或与环境景色结合方面具有突出的普遍价值的独立或连接的建筑群落；③遗址，从历史、审美、人种学或人类学角度看具有突出的普遍价值的人造工程或人造景观与自然景观合二为一的遗址以及包括有考古遗址的地区。

（三）保护无形文化遗产

在保护有形文化遗产的同时，文化遗产的概念逐渐拓展到对无形文化遗产的保护。2002 年联合国教科文组织发表的《伊斯坦布尔宣言》中指出："无形文化遗产是世界文化多样性的体现，在全球化形势下，各国应共同保护和发展无形文化遗产，促进文明的多样化进程。"

（四）工业遗产保护的兴起

1994 年，世界遗产委员会（UNESCO）颁布了《均衡的、具有代表性的与可信的世界遗产名录全球战略》，其中特别强调了工业遗产类型的重要性。国际工业遗产保护联合会于 2003 年 7 月 10 日至 17 日通过了《下塔吉尔宪章》，提出了工业遗产的定义，工业遗产的价值、鉴定、记录和研究的重要性及应法定保护及维护等内容。

2005 年 10 月 17 日至 21 日，在中国西安召开了 ICOMOS 第 15 届年会，将 2006 年 4 月 18 日国际文化遗产日的主题确定为"工业遗产"。自此以后，工业遗产项目越来越受到各国的重视，国际工业遗产保护与再利用开始进入一个新阶段。

三、工业遗产的价值

（一）历史研究价值

人类历史上的以机器文明为特征的大工业生产体现了人类生产方式的根本性转变，保存和研究这些体现人类历史转变证据的意义被人们广泛接受。从 18 世纪开始，人类使用机器进行生产活动使人类自身的生活方式产生了巨大的改变。伴随着制造业的技术和产业格局的变化，作为历史性事件的第一次工业革命尽管慢慢退出历史舞台，但它产生了深远影响，也影响了我们所有人的生活状态，并且直到今天这种影响还在持续。这些对体现人类生活转变具有重要意义的物质证据就具有普遍性的人类历史价值，因此保存这种历史证据的重要性也毋庸置疑。这些历史证据包括：以工业活动为目的的构建物，人们曾经使用过的生产流水线和机器设备，相关企业所在的厂区环境和周围环境及所有其他有形和无形的显示物。它们都应该被保存和研究，它们的历史应该被讲述，它们的意义和内涵需要人们深究并且使每个人都明了。不同时代的工业遗产为我们保存了相对应时期的历史文化演变序列，使人类发展历史的记录更加完整。

（二）社会记忆价值

工业遗产见证了工业活动的历史，也会对当下的社会产生深远影响。工业革命使人类的科技、经济和文化产生了深刻变化，而工业遗产就是工业文明的物质见证，忽视或废弃这一宝贵遗产就抹去了城市历史中最重要的记忆。美国学者保罗·康纳顿认为，记忆不仅有人的个体记忆，还有社会记忆或集体记忆，而工业遗产就具有重要的社会记忆价值。建筑给我们提供了时间和空间上的立足点，工业遗产不仅承载着真实和相对完整的工业化时代的历史信息，可以帮助人们追忆以工业为标志的近现代社会历史，帮助未来的人更好地了解其一个特定时期人们的工作方式和生产空间。保护这些反映特定时代特征，承载历史信息的工业遗产，能够振奋民族精神，传承产业工人的优秀品德，而且保护工业遗产是对民族历史完整性和人类社会创造力的尊重，是对传统产业工人历史贡献的纪念。同时，工业遗产对于长期工作于此的技术人员和产业工人及其家庭来说更具有特殊的情感价值，对它们加以保护将给予工业社区的居民心理上的归属感。

工业遗产具有多重意象构成了群体交往活动记忆的符号和基本材料，工业遗产空间显示的对共同文化的回忆，将不同的人们联系在一起进行相互交流和影响，其具有的象征性意义，犹如一种信念或一套社会习俗，使其中的个体或群体，能将自身的知识、价值观、心理感知等附加或投射其上，获得一种情感及意义的满足和表达，而且工业遗产还具有另一种意义——象征的意义。因为人类所需要的不仅仅是物质控制，更需要在日常生活中构筑一种意义感，在转瞬即逝的现象中捕捉意义，从而获得精神上的满足。

（三）文化价值

城市工业遗产的文化价值主要体现在两个方面。首先，作为社会行为与关系的物质化存在，工业遗产既是物质空间，也是行动空间和社会空间，既是人类行为实现的场所，又是对现有社会结构和社会关系进行维持、强化或重构的社会实践的区域。工业遗产展示了城市文明不断进步的历程和人类活动及社会变迁在空间上的具体表现。作为文化诉求的展示方式，工业遗产也是一种心理意义的空间。

　　工业遗产是人类工业文明的载体，也是城市文脉的重要组成部分。保护工业遗产有助于构建地域文化和城市文脉的可识别性，或有助于企业精神的延续与发扬。尤其在当前国内城市化的进程中，城市面貌同质化现象严重，城市文化沙漠化，各大城市迫切需要构建自身独特的城市文化，对于具有悠久的工业文明历史的一些城市，通过工业遗产的保护，既可以形成具有特色的城市文化，又延续了城市文脉，而且工业遗产也是产业文化发展史中的重要物质存在。一些关系到国计民生的重大产业在贫弱的中国从无到有的发展过程，本身就极具历史意义，而工业遗产就是那些历史的宝贵见证。

第二节　工业遗产旅游与工业遗产保护

一、工业遗产旅游概述

　　工业，或者工厂，曾经是一个与休闲活动和旅游景观截然相反甚至对立的概念。然而，近年来，关于"工业旅游"或者"工业观光"的报道，不断出现在报刊、互联网等大众媒体与新媒体中，成为我国继主题公园、农业旅游之后的新兴旅游项目，并以其新创意、新内涵、新视角在旅游市场中逐渐崭露头角。

　　作为一种新的旅游现象，工业旅游与传统的大众旅游产品，如自然风光游览、人文胜迹观光、滨海度假、主题公园游乐等，具有明显的不同特征。工业旅游的核心吸引力是人类生活的另一半——反映人类生产与工作的工业文化与文明。因此，现有的（和部分被重新开发利用的）工厂、企业、公司以及在建的工程等工业场所，都可以是旅游者参观的地方。工业企业的厂区环境、独特的工业建筑、生产线与生产场景、生产工具、劳动对象和产品、企业管理、企业文化、企业的发展历史与文物等，都是可以开发和利用的旅游吸引物，旅游者在工业企业之内进行工业游览，不仅增长了专项知识、开阔了眼界、扩大了阅历，还可以获得工业美学（技术哲学、科学哲学等方面）的感受。

　　由此可见，工业旅游主要是依托（现在的、过去的、在建的）工厂、企业、交通设施和建设工程等工业生产与营运的场地，并以其作为旅游地和观光、游览的对象。但旅游观光的内涵和吸引物，不仅包括物质上的、可见的工业生产景观，还包括软性的企业文化与发展历史等。在我国，由于国际著名工业企业在全球的空间转移及我国吸引外资的政策，外资、合资企业不断增加，也由于国营骨干企业的设备更新，甚至包括大型民营工业企业的发展，这在相当程度上改变了改革开放以前不少工业企业的"禁区"和环境污染的形象，现代工业企业园林化的优美环境，已成为工业旅游重要吸引物。

二、工业遗产旅游的国外经验借鉴

鲁尔工业区所在的北莱茵 - 威斯特法仑州是德国工业历史最长，工业遗迹最多的州之一。由于工程技术人员的努力，鲁尔区的工业建筑在 20 世纪初开始强大起来，对它的关注和保护也随之受到人们重视。早在 1910 年，文物和家园保护莱茵河协会就主办了一次以"工业建筑"为主题的展览活动。1915 年，德国博物馆举办了名为"技术化艺术文物"的展览，第一次展出了象征前工业时代文明的水轮、风车、桥梁、吊架、纺车等构筑装置，在公众中得到了巨大反响。最能唤回工业历史记忆的莫过于这些厂房建筑和井架、烟囱、输送带等设备装置，因此"高层建筑不是过去历史的代表，相反，工业厂房和车间具备了最根本的文物纪念特征"。

自 19 世纪中期崛起的鲁尔区曾是欧洲最大的煤炭开采和钢铁制造业中心之一。其中多特蒙德、埃森和波鸿曾经是世界上最重要的煤炭开采城镇之一。二战后的 20 世纪 50 年代，鲁尔区成为德国经济复苏和经济发展的发动机，埃姆歇地区的人均国民生产总值当时位居西德首位。随后的 30 年，由于全世界产业结构的大调整，鲁尔工业区逐渐衰败，遗留下大量的失业人口、破坏殆尽的生态环境及一座座遗弃的厂房。而 1980 年以来，鲁尔区开始以惊人的速度进行结构转型。在鲁尔区结构重组中最有影响力是"IBA 埃姆歇园国际建筑展"，这个由北莱茵 - 威斯特法仑州开办的国际建筑展持续了 10 年之久，它的主旨是"以城市发展、社会、文化和生态标准作为衡量旧工业区经济变革的基础"。埃姆歇地区的更新针对的不是一个有明确边界的展览地带内的建筑群，而是整个地区。埃姆歇园国际建筑展必须解决 150 年来工业历史所遗留的环境生态问题，必须提供新的就业机会，创造新的城市文化，为此埃姆歇园建筑展提出了7 项改造提案，并指出保护和重新利用工业发展的历史遗存，不仅是弘扬文化和城市特色的需要，更是提高当地社会、经济和文化活力的关键所在。1998 年开始，鲁尔区推出了由全区主要工业遗产整合而成的著名工业遗产旅游之路。这条旅游之路包括 19 个工业遗产旅游景点、12 个典型的工业聚落以及 9 个利用废弃工业设施改建而来的瞭望塔。在 19 个主要景点中，还专门选出 3 个设置了提供工业旅游信息的游客中心。此外，鲁尔区还规划了覆盖整个鲁尔区、包含 500 个景点的 25 条专题游览线。

在鲁尔区工业遗产旅游线上，位于多特蒙德市的措伦煤矿是一个重要景点。建于 1904 年的措伦煤矿是德国工业鼎盛时期的样板煤矿，现已改建为一个露天煤炭博物馆。由于矿井关闭时大部分建筑都被拆除，原来的焦炭厂、苯厂、第二锅炉房、烟囱和冷却塔等已不复存在。目前人们所见到的建筑大都按建筑遗存的原样进行了外观修复和屋顶更换。该矿区内的建筑呈现出一种折中的混合建筑风格：山墙立面上有早期哥特式装饰竖线和尖券窗、罗马风圆拱窗、中世纪教堂的玫瑰窗和拜占庭式小塔，工程机械楼作为厂区内最杰出的建筑采用了"新艺术"风格。这些建筑元素凝结着那个时代的审美意识和企业理想，体现出一种民族进取的精神。漫步于厂房内外，坡顶红砖建筑掩映于绿荫中，有人评价说："此地看上去不像工厂，而更像是一座历史悠久的欧洲大学。"

　　厂区内原工资发放厅建于 1902 年，室内高耸的木质天花、砖墙面、小圆窗、地砖和日耳曼传统木桁架给人以教堂般的神圣和凝重感，体现出劳动的崇高和企业的权威性。因为这些建筑缺乏足够的史料档案，但在漫长的使用过程中却留下了丰富的印记，因此人们对其不做重建，只做结构加固和局部性整修手术，更换腐朽老化的木构件，修复墙地的细部，一些缺失的原件在复原时以同类物来参照，一些在战后被更换的门窗则以同样风格加以修补。

　　昔日的工业厂房和设施在埃姆歇园国际建筑展的策划带动下被打造为当今十分富有吸引力的工业旅游景观，在改变当年肮脏的工业区形象、带来新的经济优势的同时，也使得这些大大小小散落于鲁尔区城市群中的工业遗迹重新焕发出生机和活力，成为后工业社会新的文化景观。

三、基于旅游开发的废弃矿区文化设计

（一）文化传承与废弃矿区再生设计

　　废弃矿区再生是一项系统工程，不仅涉及物质空间重构，也涉及文化层面传承。当前，大量城市公园设计的方法被运用到矿区再生设计中，但造成了景观同质化和场所精神的丧失，削弱了废弃矿区作为一种特殊类型景观的价值。废弃矿区作为一种工业遗迹，见证了工业文明的历史。矿区遗迹中包含的生产和生活性建筑、场地肌理、历史记忆等都属于地域文化。这种文化内涵已经融入地方居民的生活与记忆中，当矿区再生时，地域文化应该被尊重和唤起。

　　地域文化有两个主要特征，即动态性和差异性。地域文化的发展是一个动态演进的过程，地域文化随着人类发展和社会进步而不断地进化，在不同的历史阶段表现出不同的内涵和外在特征。随着文化的交流、碰撞使得地域的边界

具有动态和模糊性的特点，在不同的空间领域，地理景观和地域文化具有差异性。地域文化是景观设计的创作源泉，人们运用设计方法可将地域文化包含的民俗习惯、风土人情等以物质载体的形式予以表现，就景观设计而言，地域文化不单指场景等物质空间，也包括透过物质空间所反映的价值观、审美意识和文化心理等。

（二）废弃矿区再生的文化设计模式

1. 多样统一

关于多样统一设计方法的解读可参考我国遗产保护的演变历程，我国遗产保护通常有三种方法。

第一种是修旧如新，即修复后的面貌展现的是刚建成的状态。修旧如新中的新是指用新材料置换原有的材料，同时整饬外观，使之焕然一新。这种做法在获得崭新的面貌的同时，却破坏了历史信息的原真性。随着我国逐步引入西方历史遗迹修复思想，保持全部层面历史信息的修复观念被更多人所接受。

第二种是修旧如旧，即采用"做旧"的方法与原材料协调统一，使物品或建筑从外观上看好像没有修补一样。该方法正是《中华人民共和国文物保护法》所规定的"不改变文物原状"原则的体现。原状，不仅指文物外貌，还包括文物蕴含的历史信息。修旧如旧需要在保护遗产价值的前提下，保护文物的原真性。

第三种方法则是新旧共生，即修补的部分采用与原来不同的形式，如颜色、材料、肌理等不同，使得修补的部分遵循可识别的原则，与原有部分很容易区别开。"共生"不是新语汇对旧语汇的简单延伸，而是融合了原有的内涵和要素，进而对其改进与优化。黑川纪章的"新共生思想"是一种十分具有代表性的理论，该理论从空间、文化和环境出发，提倡"部分与整体共生、内部与外部共生、不同文化共生、历史与现实共生"的思想。

前面两种方法遵循的是和谐统一的原则，而新旧共生则是采用对比的手法，产生矛盾冲突。这些方法也同样适用于废弃矿区再生设计。在废弃矿区景观再生设计中，将受损场地按照原有地形、地貌加以恢复，类似于修旧如新。对于一些有着较高价值的采矿遗址也可采用修旧如旧的方法，如铜绿山古矿遗址保存了大量的竖井、平巷与盲井等，采用木质支架防护，并有通风、排水和提升设施，在该遗址修复中主要采用"修旧如旧"的方法，以保持历史信息的原真性。

相比较前两种，新旧共存的方法在矿区再生中运用更加广泛。通过设计产生的新"语汇"与原有"语汇"虽然属性不同，视觉上存在差异，但两者能有机共生，形成多样统一的系统。新"语汇"的出现使"语汇"由三维空间演变成四维空间，增加了时间轴。矿区蕴涵的地域文化信息被新"语汇"激发出来，通过多种"语汇"的碰撞，使其在矛盾冲突中达到和谐统一。

2. 有限触碰

有些废弃矿区的场地和遗留物极具特色，人们应充分解读场地环境与文化，发挥艺术创造力去激发场地活力。新的设计语汇应对场地是有限触碰，尽可能保存场地原有遗存，从自然环境和历史文化中提取特征并加以强化，这种推波助澜的创作思想可保持矿区地貌的鲜明特色。废弃矿区再生是一个缓慢的过程，特别是生态系统的恢复需要时间，在这个过程中，设计对于场地应该是有限触碰。

希腊狄俄尼索斯采石场修建于 15 世纪早期，位于希腊彭德利孔山。该山盛产大理石，雅典大量的历史建筑材料都来源于此。该处见证了雅典的历史，是营造纪念性景观的绝佳场地。公共艺术师内拉·戈兰达和建筑师阿斯帕西娅·库祖皮将该处精心打造成了一处露天博物馆，其中最具特色的是采矿用的斜划道。由于当时生产力水平低下，没有大型设备，人们借用古埃及的采运方法，将开采出来的大理通过些滑道运送出来。该处滑道和原有的采石地貌特征得到了最大限度保留，因此露天博物馆内设计了一系列的参观路径，人们沿着该路径可以身临其境地感受采矿的过程。建设过程没有使用任何现代材料，采用的都是原来开采剩下的碎石，使历史印记得以最大限度保留。

3. 语汇转换

这里，语汇指的是设计语汇，与语言类似，设计语汇也包含"语素""语法"和"章法"，类似于文章的起始、尾声、过渡、高潮等。设计作品的过程也是用设计语言"讲述"一个空间主题的过程，其包括了空间中各种自然和人工的要素。

若原有语汇景观效果不佳或格局混乱，人们在设计时应运用多样统一和有限触碰的方法，如果增加新语汇则会放大缺陷，这时就需要人们运用设计方法转换原有语汇，生成新的设计逻辑。语汇的转换不同于再造，而是在创造新语汇的同时，充分尊重原有语汇，通过转换延续地域文脉。

绍兴东湖的箬篑山是一座具有千年历史的采石场，矿区废弃后，当地人按照传统园林造景手法，将其改造为一处巧夺天工的景点。使原有混乱、碎片化的语汇转换成有序的、充满地域风情的语汇，同时保留了崖壁、洞穴等人工采矿的痕迹。

4. 区域共生

地理环境是地域文化的主要物质载体，其通过影响地域人类活动，对文化施加作用。地域独特的地理环境形成的空间限制性，产生了异质性的地域文化。废弃矿区场所和文化是区域地理环境与文化的组成部分，它们是局部与整体的关系，其景观设计中地域文化的传承不仅要考虑矿区本身，场所的外围环境也是影响设计的重要因素。人们要综合协调矿区内外环境，从城市乃至区域角度着眼，综合统筹经济、社会、环境、文化等因素，通过再生设计后的新语汇协调矿区内外矛盾，使矿区要素与区域环境共生为有机整体。

第三节　基于安全的废弃矿区再生的设计技术

一、建筑结构加固设计技术

（一）废弃矿区建筑再生设计加固的原则

结构构件加固改造应遵循以下基本原则。

①全面了解原有结构材料和结构体系。结构加固方案确定前，人们要对已有结构进行检查和可靠性分析，全面了解已有结构的材料性能、结构构造和结构体系及结构缺陷和损伤等信息，分析结构受力现状和持力水平，为确定加固方案奠定基础。

②结构加固技术可靠。结构加固方案的选择应充分考虑已有结构实际状况和加固后结构受力特点，保证加固后结构体系传力线路明确，结构可靠；保证新旧结构或材料的可靠连接，还要尽量考虑加固施工的具体特点和加固施工的技术水平，在加固方法的设计和施工组织上采取有效措施，减少对使用环境和相邻建筑结构的影响，缩短施工周期。

③减少建筑损伤和利用原有结构承载力。改造过程中要尽量减少对原有结构或构件的拆除和损伤。设计人员在经结构检测和可靠性鉴定，对结构组成和承载能力等全面了解的基础上，尽量保留和利用其作用。大量拆除原有结构构件，对原有结构部分可能会带来较严重的损伤，使新旧构件的连接难度较大，

既不经济还有可能对加固结构留下隐患。

④加强加固结构检查。在加固实施中，人们要加强对实际结构的检查，发现与鉴定结论不符或检测鉴定时未发现的结构缺陷和损伤，及时采取措施，消除隐患，最大限度地保证加固效果和结构的可靠性。

（二）结构加固的主要技术

1. 混凝土结构加固技术

混凝土结构加固技术包括增大截面配筋加固法、体外预应力加固法、改变结构受力体系加固法、碳纤维布加固法。比如，对于增大截面配筋加固法来说，其一般用来在钢筋混凝土梁底面或侧面加大尺寸，增配主筋，提高钢筋混凝土主梁截面的有效工作面积，以达到提高结构物承载能力的目的。在施工质量得到保障条件下，这种加固技术的效果很理想，而且一次性施工后几乎不需要后期养护，很多建筑项目经常采用该加固方法。再比如，对于体外预应力加固法来说，这种加固方法比较适用于跨度较大或重型结构的加固。

2. 钢结构加固技术

钢结构厂房加固技术措施通常分为两类：一类是改变结构的计算简图；另一类是对构件及连接加固。加固设计时人们应按下述次序优选技术方案。

①加设辅助杆件以减小受压杆件的长度。

②改造梁、柱节点的连接方式，改善结构的内力分布特点。

③加设中间支柱或斜撑以减小梁的跨度，提高其承载力。

④当施工空间受限时，可采用预应力技术构件获得与荷载效应相反的内力，优化构件的内力分布，在不增加或少增加截面的情况下，实现结构加固的目的。

⑤按平面结构设计的体系进行空间工作。

⑥使维护结构和承重结构共同工作。

⑦改变梁、柱截面的几何参数等。

二、建筑抗变形设计

（一）抗变形结构措施的选择

地表不稳定区上方修建建筑物时，在建筑荷载引起的附加应力作用下，由于邻区开采、地下水活动等因素，可能打破不稳定区上方采动破碎岩体的相对应力平衡状态，使地表不稳定区"活化"，导致地面产生不均衡沉降或突然塌陷，造成建筑物沉降变形、局部开裂等。因此，对不稳定区上方建筑物采取抗变形保护措施，能确保建筑物的安全。

在对建筑物抗变形设计时，一般会采取柔性设计，以吸收部分地表变形，或使建筑物整体具有足够的柔性，以适应地表的不均匀沉降和变形，减小因地表变形所产生的附加应力，如设置变形缝、缓冲沟，减小建筑物单元长度，或将建筑物框架设计成可以相对活动的铰接钢框架的柔性建筑物等；也可采用刚性设计原则，提高建筑物各独立单元的刚度和整体性，增强其抵抗地表变形的能力，如加强各单元基础的刚度和强度，增设附加构件，进行构件补强加固等。将基础设计成可调基础，如发生不均衡沉降，可用千斤顶调整。对建筑物抗变形设计主要从以下几个方面考虑。

①顶、底圈梁的合理选用。受采动影响的建筑物基础承受了很大的双向偏心力作用，即承受全部地表水平变形的影响、部分地表曲率、地表扭曲力的影响，因此基础圈梁是抗变形结构中必不可少的结构措施，基础圈梁的作用在负曲率变形区域更为明显。在正曲率变形区域，因建筑物上部承受正曲率变形引起的拉力，檐口圈梁必不可少。此时，基础圈梁的作用弱于檐口圈梁，设计人员在配筋计算时应考虑该因素。

构造柱、檐口圈梁虽可与基础圈梁共同形成空间钢筋混凝土骨架，增强建筑物的整体性，提高其抵抗地表变形的能力，但随着钢筋混凝土用量加大，势必会提高建筑物的造价。

②设置变形缝。设置变形缝是建筑物抗变形应采取的基本措施之一。变形缝设置缩短了建筑物长度，减小了地表变形在结构内产生的附加应力，也吸收了部分地表变形。处于拉伸变形区的变形缝要适当小，而压缩区内变形缝宽度应视缝两侧建筑单元长度及所处地表水平变形、曲率变形而定。其基本方法是通过设置变形缝，将建筑物分成若干个彼此互不关联、长度较小、自成变形体系的独立单元，从而减小地基反力的不均匀性，增强建筑物抵抗地表变形的能力。

③设置变形缓冲沟。设置变形缓冲沟是抗变形建筑物应采取的又一基本措施。这种方法是在位于地表压应变地区的建筑物的四周挖沟，将建筑物与四周地表分开，然后在沟中填满可压缩的材料，使建筑物免受由地表压缩变形而产生的侧推力的影响。

④设置水平钢拉杆。在建筑外墙楼屋面位置设置水平钢拉杆，以对建筑形成闭合的外箍，降低地表变形对建筑的不利影响。

⑤设置基础联系梁。当地表水平变形与建筑物斜交时，基础拉梁可斜向设

置。基础拉梁底设置约 20 cm 厚砂垫层，梁底与垫层之间设置两层油毡，梁的两侧面用松散的炉渣回填，可有效减小地表变形的影响

⑥设置钢筋混凝土整板地坪。在建筑物地坪处设置现浇双向配筋的整板地坪，板与地之间隔两层油毡，油毡下设砂垫层，板的钢筋与房屋外圈的基础圈梁或外墙锚固在一起。这种地坪板可承受由于地表变形产生的一定的拉力和压力。

（二）地基及基础的处理

对倾斜变形、曲率变形较大的区域，应对地基加以处理。相对较软的地基，要使基础切入地基量增大，减小建筑物倾斜变形。同时，松软地基有利于减小建筑物曲率变形。在压缩变形较大的区域，深于基础的变形补偿沟作用明显，一般可吸收建筑物所在处压缩量的 80%。地基系数小的地区的建筑物在受采动影响时基础不断向地基内切入，存在着一个不断局部压实地基的过程，使承受垂直压力的滑动层沿水平方向的滑动变得困难。因此，在该地区设置基础滑动层的效果很不明显，在地基系数较大区域，滑动层将起到减小建筑物水平变形、曲率变形的作用。

基础抗变形能力的大小对建筑物整体抗变形能力有着至关重要的影响，抗变形能力强的基础既可以抵抗地表的不均匀沉降，又可以减小不均匀沉降对上部结构的不利影响。设计好基础是抗变形建筑设计的关键。塌陷区上部建筑物的基础最好采用抗变形整体基础设计。整体基础具有强度高、刚度大的特点，这些基础对建筑物抵抗地表变形比较有利。在一般建筑物中，其基础形式由地基承载力、上部荷载和上部结构形式等决定。对采空区抗变形建筑物来说，基础形式的选择必须在考虑上述因素的同时，还要考虑地表残余变形的不利影响

采空区抗变形基础的形式主要有以下几种。

①当地表残余不均匀沉降相对较大时，独立基础加地梁是无法满足抵抗地表不均匀沉降要求的，应改用柱下条形基础或柱下十字交叉条形基础。这种基础整体性好，抵抗地表不均匀沉降的能力较强，能承受较大的上部荷载，适用于建筑不均匀沉降相对较大区域的大型工业建筑物的基础。

②与条形基础相比，筏板基础整体性好，抗变形能力强，其基底曲率、不均匀沉降及基础的正应力有不同程度减少。因此，筏板基础是在采空区上方建设建筑物时常见的基础形式，尤其是在浅部老采空区上方破碎地基的承载力降低时，应首先选用这种形式的基础。

③对于地下开采煤层多、开采厚度大的浅部采动破碎地基地区，可以采用

箱形基础。箱形基础的优点是整体刚度大，整体性好，抵抗地表不均匀沉降的能力强，又可以将上部结构荷载有效地扩散传给地基。

④当建筑物上部荷载较大，且由于地下浅部开采，使得适合作持力层的地层埋藏较深时，用天然浅基础或仅用简单的人工地基加固仍不能满足要求时，可以采用桩基础，桩基础必须穿过采空区，将上部荷载传递到采空区以下的持力层。

实验分析表明，抗变形框架结构建筑物宜采用整体性强、承载力高的梁板式基础，而不应采用单独基础。当地表水平剪切变形和扭曲变形较大时，选用中间和底部铺设砂垫层的双板基础效果比较好。另外，塌陷区基础不宜采用单桩基础，单桩可能因遭受较大的侧向附加弯矩和剪力而断裂。

（三）框架结构抗变形建筑的设计

从经济、施工和结构刚度多方面考虑，多层或建筑物的结构形式多选用框架结构。在地表变形区，由于基础和上部结构刚度影响的相互作用，框架结构一方面会抑制部分基础位移和变形，使基础位移和变形远远小于地表移动变形值，另一方面使基础将地表移动变形产生的附加影响传递给上部结构。对框架结构而言，开采造成的附加影响表现为框架附加内力和附加变形。多层框架的附加变形除底部一、二层外，以上各层呈现相似性，附加变形可能使框架各构件的挠度超出正常使用极限。以单独基础为例，无论哪一种地表移动变形项引起的附加内力，虽然其侧重点不同，但附加内力都主要集中于框架底部一、二层梁柱上，且其量值相当大，往往超出常规（恒载＋活载）下框架原始内力的几倍，特别是底层梁端部支座处弯矩不仅量大，且随开采过程的推进会发生方向变化，底柱易因附加轴力过大而出现超筋。因此，在受地表变形影响的区域，按常规荷载常规方法设计框架，其底部梁柱显然是不安全的。在开采塌陷区建使用框架结构的建筑物时，设计人员必须结合其附加受力和变形的特点，进行特殊的抗变形设计。

①用采适当的建筑物形式。在可能存在较大残余沉降和变形的采空区上兴建的建筑物力求体型简洁，平面形式以矩形或方形为宜，各个部分高度宜相同。

②合理布置建筑物的走向。框架结构建筑物一般沿短轴方向布置框架平面，长轴方向为连系梁方向。为减少双向地表变形使房屋遭受剪切和扭曲，建筑物走向应避免与盆地两主断面轴斜交。为充分发挥框架平面内的抗变形能力，当位于盆地边缘时，建筑物短轴宜与盆地长主断面轴重合；当位于盆地中央区时，建筑物长轴宜与盆地长主断面轴重合。

③控制建筑物长高比。长高比大的建筑物平面内纵向刚度小，因连系梁的刚度较小，建筑物易在垂直于框架平面方向的地表曲率和水平变形作用下发生框架平面外破坏。因此，塌陷区建筑物长高比限值应小于同类结构的常规限值。塌陷区框架结构建筑物长高比建议不大于 2.0～2.5。

④楼屋盖做法。塌陷区框架结构建筑物的楼屋盖最好采用预应力钢筋混凝土整体现浇式，如井式、密肋式，也可采用大型预制板装配式。屋盖部分还可采用薄壳等轻型结构形式。当采用装配式楼屋盖时，为增加其整体性，板缝和板面做法可依照有关抗震结构措施予以加强。另外，屋盖不得采用拱结构，以免拱产生的横向推力与地表移动变形影响相叠加而加重损害。

⑤框架截面和配筋。截面尺寸建议按常规构造取上限或略大，底柱截面宜再适当加大。梁柱节点处应加设梁腋。原框架抗变形设计应遵循强柱弱梁的原则。为增加刚度，底层柱纵筋按允许最大配筋率（3%～5%）配置，箍筋直径不宜小于 8 mm，并且焊成封闭环式以防止纵筋压屈，保证柱承载力得以充分发挥。与常规设计相比，底层梁支座截面处同时应加大上、下部纵筋面积（增加约 20% 以上），跨中部位应着重增加下部纵筋量（约 30% 以上）。顶层梁虽受附近内力较小，但附加变形大，且与柱节点处约束较下层少。框架各梁柱的具体配筋量还应根据最不利内力组合进行详细验算。

⑥连系梁。抗变形建筑物各框架间宜设置封闭、贯通的纵向连系，对于抗变形建筑物，楼梯建议采用整体现浇的钢筋混凝土梁，且连系梁的截面与配筋宜较常规设计值适量加大，以增强建筑物的纵向刚度。

⑦其他。对于抗变形建筑物，楼梯建议采用整体现浇的钢筋混凝土梁板式。最好不设地下室，以避免地表变形时土体挤压使地下室外墙受过大土压力。另外，梁柱和基础混凝土等级宜较常规适当提高，建议不低于 C25。钢筋采用延性较好的热轧钢类。

抗变形框架结构建筑物宜采用轻质填充墙及围护墙。为防止地表变形时脱落，外墙饰面建议不要采用以砂浆附着的瓷砖、马赛克等，而采用附着性好的水刷石、干粘石等。建筑物地面最易受地表变形影响而开裂变形，故宜采用预制的混凝土或钢丝网混凝土块铺设，而不宜采用整体现浇式地面。另外，女儿墙、高门脸及其他易脱落的装饰均不宜设置。

第四节　创新理念指导下的废弃矿区再生设计

一、废弃矿区再生设计应用的理念

（一）低影响开发

低影响开发（LID）是国外针对城市雨水管理问题而提出的新模式，是一种创新的雨水管理方法。它具有以下四个基本特征。

一是 LID 旨在实现雨水的资源化。该理念认为雨水也是一种资源，而不是负担和灾害，城市内涝问题出现的根源不是雨水，而是人们对雨水不能合理利用。它主张通过布置合理的生态设施从源头上对雨水进行开发利用，使整个区域开发建设后的水循环尽量接近开发前自然的水文循环状态。

二是优化设施布局。LID 采用各种分散的、均匀分布的、小规模的生态设施，主要包括屋顶花园、雨水花园、植被浅沟、透水铺装等软性设施，以实现对雨水的渗透、拦截、滞留和净化，从而实现区域水文的可持续发展。

三是系统化。LID 的系统化主要包含两个方面，一方面是 LID 内部设施的系统化，内部单项设施之间并不是孤立的，而是相互连接的，它们共同形成了一个系统；另一方面 LID 作为一种柔性的雨水管理方式，与雨水管道系统及超标雨水径流排放系统等刚性措施是相互统一的，它们共同构成了雨水管理的大系统。

四是提倡"微循环"。LID 与其他的雨水管理方式最大的区别在于，它提倡在区域内部实现雨水的微循环，通过区域内部的生态设施将雨水资源化，就地解决洪涝问题。

LID 作为一种新型的雨水管理模式，主要目标是实现径流总量控制、径流峰值控制、径流污染控制、雨水资源化，从而降低城市的内涝风险，实现城市的可持续发展。同时，其还具备渗透、调节、储存、净化雨水的功能，这四大主要功能之间相互协调，为实现对雨水的控制而共同发挥作用。为了达到这些目标和实现对雨水的管理，LID 设计了许多具体的生态化设施，主要包括屋顶绿化、雨水花园、植被浅沟、透水铺装、雨水湿地、蓄水池、景观水体、生态树池等，这些设施可以单独运用，也可以组合成体系共同发挥作用。

LID 作为一种成功的、新型的、生态的雨水管理模式和方法，在国内外及不同空间尺度得到了广泛应用。从国际视角看，由于 LID 最初在美国提出，加之美国随后也出台了许多相关的政策和法规，因此 LID 在美国应用得最为广泛。

我国一直沿用快排防涝为主的思路，直至 2004 年，LID 理念才被引进国内，率先应用于深圳市光明新区的建设。从应用尺度上看，LID 尺度适用性广泛，虽然是针对城市雨水管理提出，仍然适用于其他空间尺度，大到一个区域、城市，小至广场、社区、公园及其他特殊场地等，但是目前 LID 在废弃矿区再生应用的较少，没有形成完整的体系。

（二）海绵城市

海绵城市，顾名思义是指城市能够像海绵一样，在适应环境变化和应对自然灾害等方面具有良好的"弹性"，其在下雨时吸水、蓄水、渗水、净水，需要时将蓄存的水"释放"并加以利用。海绵城市具有如下四个方面的深层次含义。

第一，海绵城市理念与国外的 LID 雨水管理理念一脉相承，它是中国化的 LID。因此，LID 的许多技术手段都可以运用到海绵城市建设的过程中。

第二，海绵城市从本质上要剔除传统城市粗放式的建设方式，旨在使城市发展和环境保护相协调，从而建设生态型城市，从而实现城市的可持续发展。

第三，海绵城市充分尊重自然规律，在管理城市雨水时，遵循三个"自然"原则，即自然积存、自然渗透、自然净化，主张在城市建设过程中，维持水文原有的自循环。

第四，实现绿色基础设施和灰色基础设施的有效衔接。海绵城市建设并不是完全只要"绿"，而摒弃传统的"灰"，它是基于我国国情提出的，就必须考虑到我国正处于快速城镇化阶段，纯粹依靠"绿"来解决城市雨水问题是理想化的。

海绵城市是生态城市建设的重要组成部分，为实现城市的"海绵体"效应，能够弹性地应对城市雨水问题，其建设过程中主要包括三大途径。首先，没有人类活动介入的自然界本身就是一个巨大的循环系统，遵循着物质能量守恒定律，而随着人类对自然的影响越发严重，当务之急就是要保护原有的生态环境，发挥河流、湖泊、沟渠、湿地、坑塘等自然水体调蓄雨洪的作用。其次，在城市化快速推进和传统粗放式的建设模式影响下，许多区域的生态环境已遭到严重的破坏，这些区域最迫切的要求就是要采取生态措施和工程措施实现生态恢复与修复。最后，在当今城市建设过程中，人们要遵循低影响开发的理念，努力使开发前与开发后城市水文特征基本接近，尽量维持自然的水文循环系统。

二、废弃采石场的再生设计分析

废弃采石场的地理位置不同，其进行转型时的功能定位也不同。采石场根据其所处地理位置的不同一般分为无依托采石场和有依托采石场。无依托采石场是指在远离城市的地区进行开采的采石场；有依托采石场是指在城市附近进行开采活动而形成的采石场。无依托采石场大多远离城市，要对这些采石场进行改造，则面临强度大、成本高的困境。一般来说，无依托采石场因为地理位置偏僻、利用率低、重点改造的意义不大，因此重塑远离城市的废弃采石场通常采用低成本的单一边坡复绿技术。

有依托采石场的产业转型相较于无依托采石场而言，经济成本较低，景观再生力度较小，并且靠近城市的废弃采石场的重塑工作可利用的资源十分丰富，如附近城市的人文环境、自然环境、历史文化、工业遗迹等。在对有依托采石场的地理位置优势进行重点开发和景观再生的同时，人们也需要注重提升采石场周边区域的环境质量，建立区域绿色海绵系统，打造城市的"后花园"。

并不是所有的废弃采石场都能在生态转型过程中成功融入"海绵体"理念的措施，可进行转型的采石场应具备以下条件。

①采石场所在区域规模不宜过小，要有足够的空间布置"海绵体"理念下的各项低影响开发措施。

②不宜在水资源短缺、远离河流湖泊的地方选址，否则许多低影响开发设施将无法布设。

③采石场内还应有与附近城市或河流湖泊相连接的水流通道，以保证其能发挥调节雨洪的功能。

另外，废弃采石场进行景观再生设计之后，很有可能作为公园、休闲娱乐等场所，要推动区域经济的发展，其周边应有便利的交通条件，且政府要对该项工程有高度的重视和支持，群众对生态修复工作应具有积极性，以利于社会宣传和示范推广。

废弃采石场转型的功能定位是根据其所在地理位置而确定的。有些采石场位于农村，其中大部分为有依托采石场，且数量最多，这类采石场在被开采之前一般是耕地或者林地，所以在转型过程中，应以发展观光农业园为方向进行功能定位。有部分废弃采石场位于城郊，这类采石场大多存在着水土流失、植被破坏、环境污染等一系列生态问题，容易引发城市"热岛效应"。这些废弃采石场首先要恢复其生态功能，然后结合场地历史文化和地理位置，对其进行场地规划和功能定位，如作为城市扩张的备用空间，也可以将其设计成休闲公园、旅游景点等。除了乡村和城郊废弃采石场，还有一部分采石场地处城市内部，其具有较高的地块价值，因此可以将其改建成房地产项目、休闲公园、生态示范园、工业文化博物馆等。

三、废弃矿区再生设计的内容

海绵城市理念导向下的废弃矿区再生设计，首先必须明确其出发点不仅仅是解决矿区内部的雨水问题。对于城市周边露天开采的废弃矿区而言，更重要的是要将矿区纳入整个海绵城市体系建设中，既要接纳城市过剩雨水，也要在城市缺水时体现再利用价值。因此，在设计过程中，人们就必须从宏观和微观两方面进行综合考虑，结合海绵城市建设的要求、途径、技术等。

（一）绿化设计

废弃矿区的绿化设计旨在实现土地资源的多功能利用和绿地功能扩展。首先，废弃矿区植被破坏严重，以复绿的形式可以使其达到保持水土、涵养水源、减少灾害的目的。其次，在通常情况下，绿地景观可发挥观赏、游憩、休闲、娱乐等功能，营造良好的矿区环境和城市周边环境。更重要的是，暴雨时节，通过低影响开发设施与城市雨水管道的衔接，矿区绿地能够发挥调蓄功能。废弃矿区绿化设计内容主要包括植物选择、竖向设计、生物滞留设施。

①植物选择。废弃矿区绿化植物选择的出发点是通过植物的合理搭配，实现雨水的自然净化，同时兼顾观赏性。首先，要选择适应性强的本地植物，并且以水生植物为主，一方面可以保证存活率，减少维护成本；另一方面可以体现地域特色。其次，考虑到场地存在塌陷、滑坡、泥石流等隐患，需要选择根系发达、具有较强土壤黏聚力的植物，稳固土壤，为灾害防治增效。同时，矿区填埋了大量的尾矿，需要选择能够适应土壤贫瘠，抗旱、抗寒、抗病虫，对填埋物所产生的不良毒物和气体具有强烈抗性与净化能力的绿化树种。

②竖向设计。竖向设计即地形设计，这里主要是指用于绿化的地形设计，目前大多数设计中，绿化用地和周围建设用地高度一致，这导致建设用地产生的径流由于坡度原因不能很好传输到绿地中，从而不能通过绿地渗透、储存和净化。在废弃矿区设计中，可以充分利用现有高低不平的地形，在低洼处设计绿地，凭借雨水的自流作用，引导硬化地面的径流流入绿地、水体等。

③生物滞留设施。生物滞留设施是指在低洼地区利用植物、土壤、微生物等自然要素，实现对小范围内雨水的收集、储存、净化，常见的有下沉式绿地、雨水花园和植草沟三大类。废弃矿区由于长时间的开采，地面通常凹凸不平，设计人员可以充分利用凹面设计下沉式绿地，同时矿区开采面积大，凹凸面间隔分布，正好可以布局自然的，无规则的小规模绿地，形成一道独特的风景。下沉式绿地是指高程低于周围硬化地面高程 $5 \sim 25cm$ 的绿地系统，主要包括渗透花池和生态树池两类。其在景观设计中应用广泛，如美国华盛顿一共设计

了 41 个生态树池，地表径流经过生态树池过滤后，用来灌溉、冲洗马桶。

废弃矿区一般具有规模大、地形起伏明显等特征，采矿场、加工区、洗涤区和废弃物堆场等区域地形相对平坦开阔，适合在此处通过对地形、土壤和植物的设计建设雨水花园，尤其是矿区周边的聚落空间，可以通过雨水花园美化环境、减少污染。雨水花园是一种小规模的花园，相对其他 LID 设施，其一般布局在地形平坦的开阔区域，通过设计和植物来储存、净化雨水，它是许多 LID 设施的集合体。雨水花园对地表径流的渗透、滞留、净化、收集及排放作用极强，如位于俄勒冈州的波特兰雨水花园就巧妙地解决了该地区每年几乎持续 9 个月的大雨的雨水排放和过滤问题，同时还形成了优美的景观环境空间。

矿区在开采过程中及后期受滑坡、泥石流等自然灾害的影响，往往会形成许多沟渠和低洼地等。同时，矿区内部遗留了大量的废渣、碎石等材料，人们可以充分利用这些有利条件设计植草沟，尤其是在道路两侧，从而达到减少道路径流的作用。植草沟是种有植被的沟渠，是一种特殊的景观性地表沟渠排水系统，主要用来解决面源污染。其一般分布在道路两侧和绿地内，具有减少径流、补充地下水、净化水质、输送雨水等功能，通常与雨水管网联合运行。按照是否常年保持一定的水面，其又可以划分为干式植草沟和湿式植草沟。

（二）水景设计

矿区在开采时期，由于对地形、地貌、地下水等自然系统破坏严重，因此废弃矿区水体景观的设计要充分考虑现状地形及遗留场地的特性，最大限度利用开采后产生的蓄水空间，如塌陷地、矿井、矿坑、沟渠等要素，以此为依托合理布局景观水体、蓄水池、湿地公园等具有雨水调蓄功能的低影响开发设施。

1. 塌陷地

许多矿区，尤其是地下采矿如煤矿等，由于长时间的挖掘，采空区上方的原始平衡被破坏，地表出现沉降现象，加之废弃后受降雨的影响，往往会形成近似椭圆形盆地的塌陷地。塌陷地具有多种危害，包括对国土面貌和生态环境的破坏、破坏耕地、打乱人们的生产生活等。同时，塌陷地治理成本高，复垦难度较大。

人们要从景观设计的角度出发，结合海绵城市理念，充分利用塌陷地形，将其打造成为湿地公园。唐山南湖公园就是将采煤塌陷区改造为湿地公园的成功案例，该地原本塌陷区的生态环境和自然景观遭到了严重破坏，人迹罕至，相关部门采用多种改造方法，保留和整合沉降区的水景，利用场地内的垃圾对局部进行回填，在未来可能塌陷积水的区域种植耐水植物，形成了生态环境良好、风景优美的湖区景观。该地块目前已成为一座集游憩观赏和水上活动于一体的大型生态公园。

将城市周边废弃矿区改造成为大型湿地公园，具有多方面的积极意义。首先，直观地改善了城市周边的景观，改变了"青山露白骨"的窘状，既改善了矿区的环境也提升了城市的整体环境质量。其次，从雨水调控的角度看，湿地公园可以成为城市的"海绵体"。丰水季节，吸纳城市雨水，降低内涝频率；干旱季节，释放雨水补充城市用水。最后，从气候角度分析，将城市周边废弃矿区打造成湿地公园，可以在一定程度上缓解城市热岛效应。

2.矿坑

废弃的矿坑是采矿区常见的一类矿业遗迹，矿坑是露天开采在地面留下的直观景观。在传统观念里，采矿后形成的矿坑、矿井等遗迹是不可抹去的"地球疤痕"。但是随着人们观念的转变，人们逐渐开始对废弃矿坑进行二次开发利用，目前针对废弃矿坑的改造方式主要有两类，一种是原状保留，如黄石国家矿山公园、美国犹他州宾汉姆峡谷铜矿坑；另一种是覆土种植，如法国穆斯托采石场、中国河南义马露天矿坑土地恢复。

海绵城市理念的提出，为城市周边的废弃矿坑再开发提供了一种新的改造思路，即利用自然水景或因采矿而形成的水体，结合地形条件人工构造水体，营造主题环境，利用水景的流动性串联贯通整个矿区水环境系统。目前，国内外在矿坑改造方面涌现了许多优秀的设计，如摩尔多瓦首都克里科瓦大酒窖，原本克里克瓦是地下采石场，形成了无数相连的地下坑道，最后改建成酒窖，还有国内的上海世茂集团投资建设的世界上第一个位于矿坑内的上海天马山深坑酒店等。但是这些设计也存在人为干扰痕迹严重，资金投入大、维护成本高、过度重视商业开发等缺点。

一些存在自然积水或具备引水条件的矿坑可以建设成为湿地公园和雨水花园，这是一种相对生态化、低成本的改造，能够实现环境效益、社会效益和经济效益的统一，如芝加哥帕米萨诺公园，原是一处采石场，芝加哥许多建筑石材曾经采自此处，随后矿坑沦为垃圾场，人们在对其的改造设计中，保留了部分垂直开采面，将矿坑改造为鱼塘，为了预留雨水花园的场地，人们将区域内的垃圾全部南移，增强了整个矿区高差变化的错落感。国内改造矿坑较成功的案例有浙江绍兴东湖，其利用采石场筑起围墙，人工拓宽水面，形成了宛如天成的山水大盆地。

3.沟渠

矿区开采时，由于洗涤用水和工业用水的需要，往往会形成许多人工的、自然的、小型的沟渠。从微观角度来看，矿区被废弃后，降雨引发的泥石流、滑坡等自然灾害，也会形成诸多的冲沟。这些沟渠和冲沟，正好是雨水汇聚的通道，人们可以通过合理整治、疏通、引导，让其成为雨水排放的通道，发挥输送、储存、净化雨水的作用；从宏观的角度，人们采取工程措施和生态措施，将矿区内部的沟渠和冲沟与周边自然的河道、池塘、沟壑、溪流相连接，让其成为自然水循环系统的组成部分，使得矿区内部的水循环与周边城市的水循环组合成一个大的水循环系统。

（三）建筑设计

废弃矿区建筑主要包括遗留的生产型建筑和矿区周边聚落的生活型建筑。在海绵城市建设理念指导下，建筑一般采取立面绿化和屋顶绿化的方式来收集、存储、净化雨水。目前，墙面绿化、屋顶花园等形式在商业建筑、公共建筑、城市小区等建筑中应用广泛并取得了良好的成效，而在乡村建筑和工业建筑中应用较少。因此，可以尝试将该技术运用到工业建筑中，如福特公司在美国工业区工厂建立了世界上最大面积的绿色屋顶。需要注意的一点是，考虑到采矿对矿区生产型建筑和生活型建筑造成的不同程度的破坏和污染，人们在设计过程中需要因地制宜地采取不同的设计策略。

①生产型建筑。矿区生产型建筑一般距离采矿区较近，包括办公建筑、材料储存建筑、工人居住建筑等，受矿区开采影响大。由于距离矿区较近，不仅污染较严重，而且许多墙面和屋顶都出现了裂痕。因此，对其在工程措施修复的基础上，可以结合海绵城市的理念进行绿色屋顶和墙面设计，这样一方面可以对其外立面形成保护层且具有艺术感，另一方面也可以收集雨水，减少径流。生产型建筑收集的雨水，存在一定程度的污染，可以引导其流入建筑周边的雨水花园、植草沟等绿色设施内，让其经过植物初步净化再渗透到土壤中，进而补充地下水。

②生活型建筑。矿区生活型建筑是指矿区周边的村镇聚落，一般这些聚落建筑连片、集中分布，规模和分布密度较大，并且这些建筑或多或少地受到了矿区开采的影响。矿区废弃后，为了保证这些建筑能够继续安全使用，需对其进行再设计。在工程措施加固保证其安全性的前提下，可以类比生产型建筑，对墙体和屋顶进行绿化，降低雨水的冲刷力度。与生产型建筑不同的是，生活

型建筑与绿地连接，雨水可以流入绿地内的植草沟、雨水花园、下沉式绿地等设施，将雨水收集后再利用。从生活型建筑收集的雨水主要有两个用途：一是家用，如牲畜用水、清洁用水等，可以减少人们对自来水的依赖；二是农用，可以在枯水季节缓解农林牧渔对雨水的需求。

（四）道路设计

矿区原本是一个小系统，内部拥有完整的交通体系。矿区再生建设时，一方面可以在原有交通线路的基础上进行改造设计，建立联系高差的立体交通，创造丰富的游览体验；另一方面可以充分利用矿区废弃的碎石、碎渣等资源，结合低影响开发的设施，打造绿色交通网络。废弃矿区道路设计内容包括机动车道、人行道和停车场，其中停车场主要的服务对象为矿区周边聚落的村民和外来游客。

①机动车道。许多矿区被废弃后，逐渐成了区域交通系统的重要节点。人们在矿区机动车道的设计时要改变被动的雨水处理方式，充分利用原有的运输线路、地形，打造能够净化、利用、存储雨水的道路系统。具体来说有以下三点。

第一点，选择透水材料，如沥青、混凝土等，充分利用矿区的碎石、尾矿等建设路基，打造透水沥青路面或透水水泥混凝土路面。

第二点，道路两侧布局标高要低于路面的绿化带，如下沉式绿地、植草沟等，以便在雨水季节将道路径流引入低影响开发设施进行净化、过滤、收集。

第三点，在绿化带底部空间安装排水管道，设置雨水调蓄系统。

②人行道。矿区人行道可以采取阶梯式、景观桥式和悬梯式的设计方式，一方面可以丰富矿区的竖向交通形式和避免雨水淤积；另一方面可以为行人和游客提供独特的欣赏视角，如英国伊甸园工程项目设计的"之"字形路线。在矿区人行道设计中人们应考虑以下四个方面。

一是在铺装材料选择上，尽可能多地使用可渗透材料，考虑到安全性因素，最好以紧密透水砖为主。

二是打造立体交通和保留原有的道路轨迹，尤其是矿业遗迹，如运输原材料的铁轨等，使人们在行走时能够感受到一种艺术氛围。

三是在路边设置生态树池等设施，起到蓄水、去污、美化环境的作用。

四是由于矿区存在滑坡、泥石流等安全隐患，需要在人行道周边采取边坡防护措施。

③停车场。废弃矿区规模较大，可以适当设置生态停车场为游客及周边居

民服务。在设计过程中可以将停车场看作一个小型的雨水花园，而不是一个普通的公共基础设施。在停车场表面，布置透水性铺装如中空透水砖、植草砖等，并且可在透水砖内种植绿色植物。在停车场边缘区可以设置生物滞留设施如雨水花园等，使停车场成为一个渗透空间，使其同时发挥景观和服务的双重功能。

参考文献

［1］李洪远，莫训强. 生态恢复的原理与实践［M］. 2版. 北京：化学工业出版社，2016.

［2］党永富. 土壤污染与生态治理——农业安全工程系统建设［M］. 北京：中国水利水电出版社，2015.

［3］党志，郑刘春，卢桂宁，等. 矿区污染源头控制——矿山废水中重金属的吸附去除［M］. 北京：科学出版社，2015.

［4］樊金拴，杨爱军. 煤矿废弃地生态植被恢复与高效利用［M］. 北京：科学出版社，2015.

［5］张宏伟. 煤矿绿色开采技术［M］. 徐州：中国矿业大学出版社，2015.

［6］郑刘根，等. 淮南泉大资源枯竭矿区生态环境与修复工程实践［M］. 合肥：安徽大学出版社，2016.

［7］李向东. 环境污染与修复［M］. 徐州：中国矿业大学出版社，2016.

［8］赵永红，周丹，余水静，等. 有色金属矿山重金属污染控制与生态修复［M］. 北京：冶金工业出版社，2014.

［9］李钢，吴侃，夏军武，等. 煤矿区废弃土地协调利用技术与实践［M］. 徐州：中国矿业大学出版社，2014.

［10］王春荣，何绪文. 煤矿区三废治理技术及循环经济［M］. 北京：化学工业出版社，2014.

［11］董霁红，房阿曼，戴文婷，等. 矿区复垦土壤重金属光谱解析与迁移特征研究［M］. 徐州：中国矿业大学出版社，2018.

［12］李金惠，曾现来，刘丽丽，等. 循环经济发展脉络［M］. 北京：

中国环境出版社，2017.

　　[13]赵烨，等.土壤环境科学与工程[M].北京：北京师范大学出版社，2012.

　　[14]吴向华，刘五星.土壤微生物生态工程[M].北京：化学工业出版社，2012.

　　[15]白中科，周伟，王金满，等.再论矿区生态系统恢复重建[J].中国土地科学，2018（11）：1-9.

　　[16]苏军德.矿山废弃地生态修复区植被碳库研究[J].水土保持通报，2018（05）：234-237.

　　[17]解坤梅，何银忠.废弃矿区生态环境恢复林业复垦技术的探究[J].农村经济与科技，2018（16）：26-27.

　　[18]李科心.矿山土地复垦与生态恢复治理措施研究[J].矿山测量，2018（03）：119-121.

　　[19]袁鹏，尚修宇，胡术刚.矿山修复治理的现状与技术[J].世界环境，2018（03）：30-32.